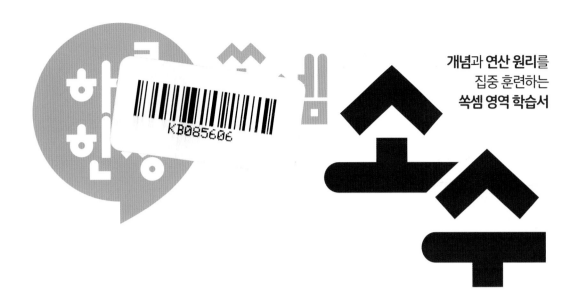

한 권으로 쏙셈

소수

개념과 연산 원리를
집중 훈련하는
쏙셈 영역 학습서

2권

초등학교 5~6학년

개념과 연산 원리를
집중 훈련하는
쏙셈 영역 학습서

# 2권
## 초등학교 5~6학년

WRITERS

**미래엔콘텐츠연구회**
No.1 Content를 개발하는 교육 전문 콘텐츠 연구회


COPYRIGHT

**인쇄일** 2022년 11월 1일(1판1쇄)
**발행일** 2022년 11월 1일

**펴낸이** 신광수
**펴낸곳** ㈜미래엔
**등록번호** 제16-67호

**융합콘텐츠개발실장** 황은주
**개발책임** 정은주
**개발** 장혜승, 박지민, 이유진, 박새연

**콘텐츠서비스실장** 김효정
**콘텐츠서비스책임** 이승연

**디자인실장** 손현지
**디자인책임** 김병석
**디자인** 이진희

**CS본부장** 강윤구
**CS지원책임** 강승훈

ISBN 979-11-6841-399-3

# 머리말

새연이의 몸무게는 30.8 kg이에요.

혜승이는 오늘 우유 0.5 L를 마셨어요.

지민이는 1.2 km를 달렸어요.

30.8, 0.5와 같은 수는 소수예요.

소수는 생긴 모양이 자연수와 달라서 친구들이 어려워 하지만
생활 주변에서 많이 쓰이는 수들이에요.
그래서 개념을 정확하게 알고 사용해야 해요.

하루 한장 쏙셈 소수는
교과서에서 다루는 소수 내용만 쏙 뽑아
개념을 쉽게 정리하고 문제를 알차게 넣었어요.
우리 친구들이 하루 한장 쏙셈 소수를 통해
수학이 재미있어지고 실력도 한층 성장하길 바랍니다.

# 구성과 특징

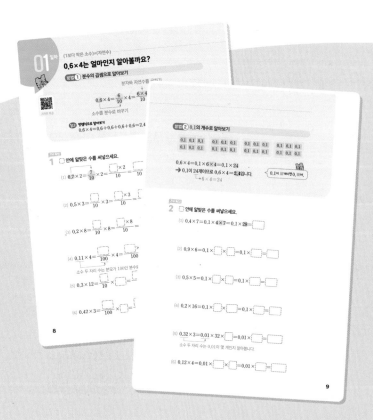

개념
학습

## 기본 개념 익히기

- ▶ 학습 내용을 그림이나 도형 등을 이용해 시각적으로 표현하여 이해를 돕습니다.
- ▶ 개념 확인 문제를 풀면서 학습 개념을 익힙니다.
- ▶ 스마트 학습을 통해 조작 활동을 하며 개념을 효과적으로 이해할 수 있습니다.

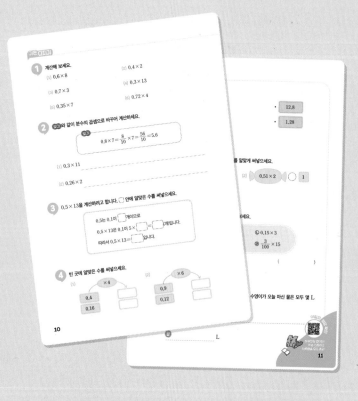

기본
다지기

## 다양한 유형의 문제 풀기

- ▶ 학습한 개념을 다질 수 있는 다양한 유형의 문제를 풀어 봅니다.
- ▶ 문장제 문제를 풀면서 응용력을 기를 수 있습니다.
- ▶ QR코드를 찍어 직접 풀이를 보며 정답을 확인할 수 있습니다.

『하루 한장 쏙셈 소수』로
# 이렇게 학습해요!

## 1 어려운 개념을
### 쉽게!

많은 학생들이 자연수와는 다른 형태의 소수를 어려워합니다.
『하루 한장 쏙셈 소수』는 어려운 개념을 그림으로 설명하고 스마트 학습을 통해 직접 조작하며 쉽게 이해할 수 있습니다.

## 2 연결된 개념을
### 집중적으로!

소수는 3~6학년에 걸쳐 배우므로 앞에서 배운 내용을 잊어버리기도 합니다.
『하루 한장 쏙셈 소수』는 소수의 개념과 연산을 연결하여 집중적으로 학습할 수 있습니다.

## 3 중학 수학의 기초를
### 탄탄하게!

초등 과정의 소수는 중학교에서 배우는 유리수, 문자와 식 등으로 연계됩니다.
『하루 한장 쏙셈 소수』는 기본 실력을 탄탄하게 키워 중학교 수학도 거뜬하게 해결할 수 있습니다.

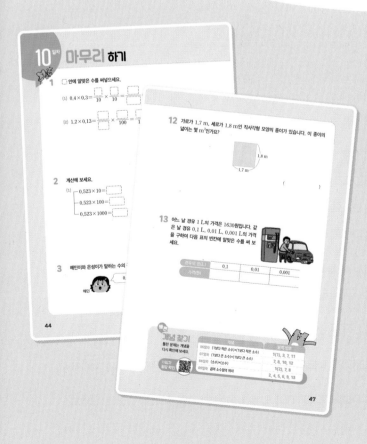

### 마무리 하기

## 배운 내용 점검하기

- 배운 내용을 정리하고 얼마나 잘 이해하였는지 점검해 봅니다.
- 응용된 문제를 풀면서 수학적 사고력을 키울 수 있습니다.
- 틀린 문제는 개념을 다시 확인하여 부족한 부분을 되짚어 볼 수 있도록 안내합니다.

하루 한장 쏙셈
소수

# 차례

## 1장

### 소수의 곱셈

역수!!!

## 2장

### 소수의 나눗셈(1)
### 자연수로 나누기

# 3장

## 소수의 나눗셈(2)
## 소수로 나누기

어~흥~!!

# 스마트 학습으로
# 분수·소수의 개념 원리를
# 재미있게 배울 수 있어요!

- 자르고 색칠하고 이동하는 조작 활동을 통해 개념을 이해해요.
- 개념 학습에서 이해한 원리를 적용하여 문제를 풀이해요.

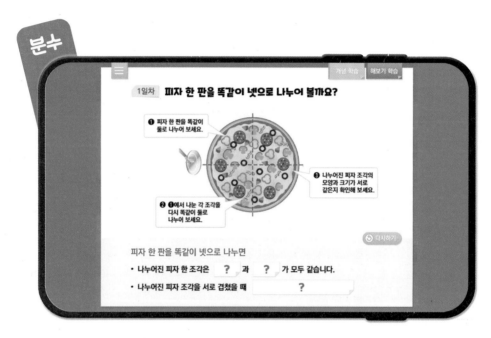

**분수**

개념 학습　해보기 학습

**1일차** 피자 한 판을 똑같이 넷으로 나누어 볼까요?

❶ 피자 한 판을 똑같이 둘로 나누어 보세요.

❸ 나누어진 피자 조각의 모양과 크기가 서로 같은지 확인해 보세요.

❷ ❶에서 나눈 각 조각을 다시 똑같이 둘로 나누어 보세요.

↺ 다시하기

피자 한 판을 똑같이 넷으로 나누면

- 나누어진 피자 한 조각은 ? 과 ? 가 모두 같습니다.
- 나누어진 피자 조각을 서로 겹쳤을 때 ?

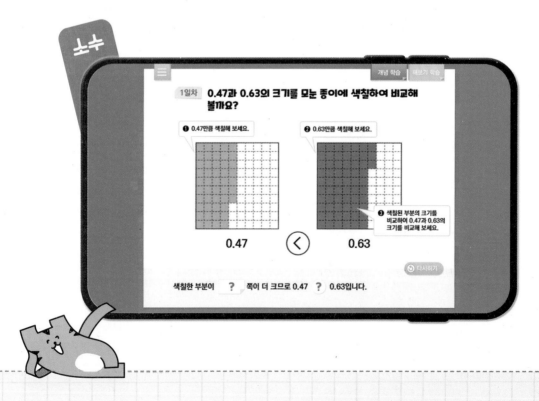

**소수**

개념 학습　해보기 학습

**1일차** 0.47과 0.63의 크기를 모눈 종이에 색칠하여 비교해 볼까요?

❶ 0.47만큼 색칠해 보세요.

❷ 0.63만큼 색칠해 보세요.

❸ 색칠된 부분의 크기를 비교하여 0.47과 0.63의 크기를 비교해 보세요.

0.47　　〈　　0.63

↺ 다시하기

색칠한 부분이 ? 쪽이 더 크므로 0.47 ? 0.63입니다.

# 1장

## 소수의 곱셈

공부 계획

**01 일차** (1보다 작은 소수)×(자연수)

# 0.6×4는 얼마인지 알아볼까요?

**방법 1** 분수의 곱셈으로 알아보기

분자와 자연수를 곱하기

$$0.6 \times 4 = \frac{6}{10} \times 4 = \frac{6 \times 4}{10} = \frac{24}{10} = 2.4$$

소수를 분수로 바꾸기      분수를 소수로 바꾸기

**참고** 덧셈식으로 알아보기

$$0.6 \times 4 = 0.6 + 0.6 + 0.6 + 0.6 = 2.4$$

**개념 확인**

**1** ☐ 안에 알맞은 수를 써넣으세요.

(1) $0.7 \times 2 = \dfrac{7}{10} \times 2 = \dfrac{\boxed{\phantom{0}} \times 2}{10} = \dfrac{\boxed{\phantom{0}}}{10} = \boxed{\phantom{0}}$

(2) $0.5 \times 3 = \dfrac{\boxed{\phantom{0}}}{10} \times 3 = \dfrac{\boxed{\phantom{0}} \times 3}{10} = \dfrac{\boxed{\phantom{0}}}{10} = \boxed{\phantom{0}}$

(3) $0.2 \times 8 = \dfrac{\boxed{\phantom{0}}}{10} \times 8 = \dfrac{\boxed{\phantom{0}} \times 8}{10} = \dfrac{\boxed{\phantom{0}}}{10} = \boxed{\phantom{0}}$

(4) $0.11 \times 4 = \dfrac{\boxed{\phantom{0}}}{100} \times 4 = \dfrac{\boxed{\phantom{0}} \times 4}{100} = \dfrac{\boxed{\phantom{0}}}{100} = \boxed{\phantom{0}}$

소수 두 자리 수는 분모가 100인 분수로 바꿉니다.

(5) $0.3 \times 12 = \dfrac{\boxed{\phantom{0}}}{10} \times \boxed{\phantom{0}} = \dfrac{\boxed{\phantom{0}} \times \boxed{\phantom{0}}}{10} = \dfrac{\boxed{\phantom{0}}}{10} = \boxed{\phantom{0}}$

(6) $0.42 \times 3 = \dfrac{\boxed{\phantom{0}}}{100} \times \boxed{\phantom{0}} = \dfrac{\boxed{\phantom{0}} \times \boxed{\phantom{0}}}{100} = \dfrac{\boxed{\phantom{0}}}{100} = \boxed{\phantom{0}}$

## 방법 ② 0.1의 개수로 알아보기

| 0.1 | 0.1 | 0.1 |
| 0.1 | 0.1 | 0.1 |

| 0.1 | 0.1 | 0.1 |
| 0.1 | 0.1 | 0.1 |

| 0.1 | 0.1 | 0.1 |
| 0.1 | 0.1 | 0.1 |

| 0.1 | 0.1 | 0.1 |
| 0.1 | 0.1 | 0.1 |

$0.6 \times 4 = 0.1 \times 6 \times 4 = 0.1 \times 24$

➡ 0.1이 24개이므로 $0.6 \times 4 = $ **2.4**입니다.

$6 \times 4 = 24$

0.1이 ■개이면 0.■야.

---

**개념 확인**

**2** ☐ 안에 알맞은 수를 써넣으세요.

(1) $0.4 \times 7 = 0.1 \times 4 \times 7 = 0.1 \times 28 = \boxed{\phantom{0}}$

(2) $0.9 \times 6 = 0.1 \times \boxed{\phantom{0}} \times \boxed{\phantom{0}} = 0.1 \times \boxed{\phantom{0}} = \boxed{\phantom{0}}$

(3) $0.5 \times 5 = 0.1 \times \boxed{\phantom{0}} \times \boxed{\phantom{0}} = 0.1 \times \boxed{\phantom{0}} = \boxed{\phantom{0}}$

(4) $0.2 \times 16 = 0.1 \times \boxed{\phantom{0}} \times \boxed{\phantom{0}} = 0.1 \times \boxed{\phantom{0}} = \boxed{\phantom{0}}$

(5) $0.32 \times 3 = 0.01 \times 32 \times \boxed{\phantom{0}} = 0.01 \times \boxed{\phantom{0}} = \boxed{\phantom{0}}$

소수 두 자리 수는 0.01이 몇 개인지 알아봅니다.

(6) $0.12 \times 4 = 0.01 \times \boxed{\phantom{0}} \times \boxed{\phantom{0}} = 0.01 \times \boxed{\phantom{0}} = \boxed{\phantom{0}}$

**1** 계산해 보세요.

(1) $0.6 \times 8$

(2) $0.4 \times 2$

(3) $0.7 \times 3$

(4) $0.3 \times 13$

(5) $0.35 \times 7$

(6) $0.72 \times 4$

**2** 보기와 같이 분수의 곱셈으로 바꾸어 계산하세요.

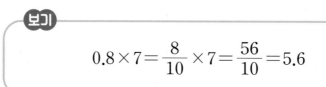

보기

$$0.8 \times 7 = \frac{8}{10} \times 7 = \frac{56}{10} = 5.6$$

(1) $0.3 \times 11$

(2) $0.26 \times 2$

**3** $0.5 \times 13$을 계산하려고 합니다. ☐ 안에 알맞은 수를 써넣으세요.

0.5는 0.1이 ☐개이므로

$0.5 \times 13$은 0.1이 $5 \times$ ☐ $=$ ☐ (개)입니다.

따라서 $0.5 \times 13 =$ ☐ 입니다.

**4** 빈 곳에 알맞은 수를 써넣으세요.

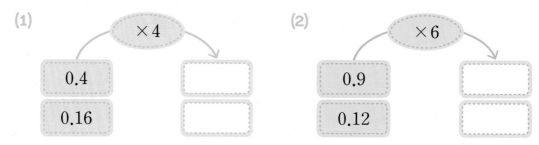

(1)

$\times 4$

0.4 ☐

0.16 ☐

(2)

$\times 6$

0.9 ☐

0.12 ☐

**5** 계산 결과를 찾아 이어 보세요.

$$0.16 \times 8$$ •

$$0.64 \times 20$$ •

• $$12.8$$

• $$1.28$$

**6** 크기를 비교하여 ○ 안에 >, =, <를 알맞게 써넣으세요.

(1) $$0.36 \times 7$$ ○ $$3$$

(2) $$0.51 \times 2$$ ○ $$1$$

**7** 계산 결과가 다른 하나를 찾아 기호를 써 보세요.

㉠ $$0.15 + 0.15 + 0.15$$    ㉡ $$0.15 \times 3$$

㉢ $$0.3 \times 15$$    ㉣ $$\dfrac{3}{100} \times 15$$

(          )

**8** 수영이는 오늘 물을 $0.24 \text{ L}$씩 7번 마셨습니다. 수영이가 오늘 마신 물은 모두 몇 $\text{L}$ 인가요?

식

답 _____ $\text{L}$

**02** 일차 (1보다 큰 소수)×(자연수)

# 3.4×6은 얼마인지 알아볼까요?

스마트 학습

**방법 ①** 분수의 곱셈으로 알아보기

분자와 자연수를 곱하기

$$3.4 \times 6 = \frac{34}{10} \times 6 = \frac{34 \times 6}{10} = \frac{204}{10} = \mathbf{20.4}$$

소수를 분수로 바꾸기　　　　　분수를 소수로 바꾸기

**참고** 덧셈식으로 알아보기

$$3.4 \times 6 = 3.4 + 3.4 + 3.4 + 3.4 + 3.4 + 3.4 = 20.4$$

└─────── 6개 ───────┘

**개념 확인**

**1** ☐ 안에 알맞은 수를 써넣으세요.

(1) $1.5 \times 3 = \frac{15}{10} \times 3 = \frac{\boxed{\phantom{0}} \times 3}{10} = \frac{\boxed{\phantom{0}}}{10} = \boxed{\phantom{0}}$

(2) $2.7 \times 2 = \frac{\boxed{\phantom{0}}}{10} \times 2 = \frac{\boxed{\phantom{0}} \times 2}{10} = \frac{\boxed{\phantom{0}}}{10} = \boxed{\phantom{0}}$

(3) $3.21 \times 4 = \frac{\boxed{\phantom{0}}}{100} \times 4 = \frac{\boxed{\phantom{0}} \times 4}{100} = \frac{\boxed{\phantom{0}}}{100} = \boxed{\phantom{0}}$

(4) $1.2 \times 7 = \frac{\boxed{\phantom{0}}}{10} \times 7 = \frac{\boxed{\phantom{0}} \times \boxed{\phantom{0}}}{10} = \frac{\boxed{\phantom{0}}}{10} = \boxed{\phantom{0}}$

(5) $4.3 \times 5 = \frac{\boxed{\phantom{0}}}{10} \times \boxed{\phantom{0}} = \frac{\boxed{\phantom{0}} \times \boxed{\phantom{0}}}{10} = \frac{\boxed{\phantom{0}}}{10} = \boxed{\phantom{0}}$

(6) $2.18 \times 6 = \frac{\boxed{\phantom{0}}}{100} \times \boxed{\phantom{0}} = \frac{\boxed{\phantom{0}} \times \boxed{\phantom{0}}}{100} = \frac{\boxed{\phantom{0}}}{100} = \boxed{\phantom{0}}$

$$34 \times 6 = 204$$

$\frac{1}{10}$배 $\Big($ $\frac{1}{10}$배

$$3.4 \times 6 = \mathbf{20.4}$$

❶
$$\begin{array}{r} 3\ 4 \\ \times \quad 6 \\ \hline 2\ 0\ 4 \end{array}$$

➡

❷
$$\begin{array}{r} 3.4 \\ \times \quad 6 \\ \hline 2\ 0.4 \end{array}$$

자연수의 곱셈으로
계산하기

곱에 소수점을
찍기

곱해지는 수가 $\frac{1}{10}$배가 되면 계산 결과도 $\frac{1}{10}$배가 됩니다.

개념확인
**2** ☐ 안에 알맞은 수를 써넣으세요.

(1)
$$11 \times 5 = \boxed{\phantom{00}}$$

$\frac{1}{10}$배 $\Big($ $\frac{1}{10}$배

$$1.1 \times 5 = \boxed{\phantom{00}}$$

(2)
$$213 \times 4 = \boxed{\phantom{00}}$$

$\frac{1}{100}$배 $\Big($ $\frac{1}{100}$배

$$2.13 \times 4 = \boxed{\phantom{00}}$$

곱해지는 수가 $\frac{1}{100}$배가 되면
계산 결과도 $\frac{1}{100}$배가 됩니다.

(3)
$$\begin{array}{r} 1\ 4 \\ \times \quad 3 \\ \hline \boxed{\phantom{00}} \end{array}$$
➡
$$\begin{array}{r} 1.4 \\ \times \quad 3 \\ \hline \boxed{\phantom{00}} \end{array}$$

(4)
$$\begin{array}{r} 2\ 5 \\ \times \quad 5 \\ \hline \boxed{\phantom{00}} \end{array}$$
➡
$$\begin{array}{r} 2.5 \\ \times \quad 5 \\ \hline \boxed{\phantom{00}} \end{array}$$

(5)
$$\begin{array}{r} 3\ 2 \\ \times \quad 8 \\ \hline \boxed{\phantom{00}} \end{array}$$
➡
$$\begin{array}{r} 3.2 \\ \times \quad 8 \\ \hline \boxed{\phantom{00}} \end{array}$$

(6)
$$\begin{array}{r} 1\ 7\ 6 \\ \times \quad 2 \\ \hline \boxed{\phantom{00}} \end{array}$$
➡
$$\begin{array}{r} 1.7\ 6 \\ \times \quad 2 \\ \hline \boxed{\phantom{00}} \end{array}$$

**1** 계산해 보세요.

(1)
$$
\begin{array}{r}
1.8 \\
\times \quad 3 \\
\hline
\end{array}
$$

(2) $1.3 \times 2$

(3)
$$
\begin{array}{r}
3.5 \\
\times \quad 7 \\
\hline
\end{array}
$$

(4) $2.17 \times 4$

(5)
$$
\begin{array}{r}
2.2\,6 \\
\times \qquad 2 \\
\hline
\end{array}
$$

(6) $4.9 \times 5$

**2** 보기와 같이 분수의 곱셈으로 바꾸어 계산하세요.

> 보기
>
> $$4.7 \times 2 = \frac{47}{10} \times 2 = \frac{94}{10} = 9.4$$

(1) $6.3 \times 3$

_____

(2) $1.39 \times 5$

_____

**3** 빈 곳에 알맞은 수를 써넣으세요.

(1)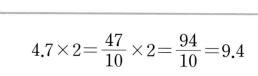

(2)

2.8 → ×6 →

5.12 → ×7 →

(3)

(4)

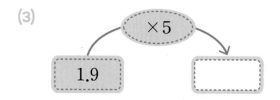

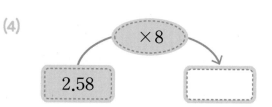

1.9 ×5

2.58 ×8

**4** 바르게 계산한 것에 ○표 하세요.

(1)
$7.4 \times 6 = 44.4$ ◯

$7.4 \times 6 = 4.44$ ◯

(2)
$5.96 \times 5 = 2.98$ ◯

$5.96 \times 5 = 29.8$ ◯

**5** 사다리를 타고 내려가서 도착한 곳에 계산 결과를 써넣으세요.

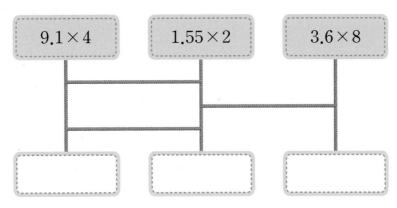

| $9.1 \times 4$ | $1.55 \times 2$ | $3.6 \times 8$ |

**6** 계산 결과가 더 작은 것을 말한 사람의 이름을 써 보세요.

혜성 $5.2 \times 8$　　$4.7 \times 9$ 수림

(　　　　　　)

**7** 한 자루의 무게가 $6.38$ g인 색연필 3자루의 무게는 모두 몇 g인가요?

식 _____

답 _____ g

# 12×0.4는 얼마인지 알아볼까요?

**방법 ① 분수의 곱셈으로 알아보기**

> 소수 한 자리 수는 분모가 10인 분수로 나타내야 해.

자연수와 분자를 곱하기

$$12 \times 0.4 = 12 \times \frac{4}{10} = \frac{12 \times 4}{10} = \frac{48}{10} = 4.8$$

소수를 분수로 바꾸기  분수를 소수로 바꾸기

**참고** 12에 1보다 작은 수를 곱했으므로 계산 결과는 12보다 작아집니다.

**개념 확인**

**1** □ 안에 알맞은 수를 써넣으세요.

(1) $3 \times 0.5 = 3 \times \dfrac{5}{10} = \dfrac{3 \times \square}{10} = \dfrac{\square}{10} = \square$

(2) $2 \times 0.3 = 2 \times \dfrac{\square}{10} = \dfrac{2 \times \square}{10} = \dfrac{\square}{10} = \square$

(3) $11 \times 0.7 = 11 \times \dfrac{\square}{10} = \dfrac{11 \times \square}{10} = \dfrac{\square}{10} = \square$

(4) $4 \times 0.32 = 4 \times \dfrac{\square}{100} = \dfrac{\square \times \square}{100} = \dfrac{\square}{100} = \square$

(5) $13 \times 0.6 = \square \times \dfrac{\square}{10} = \dfrac{\square \times \square}{10} = \dfrac{\square}{10} = \square$

(6) $9 \times 0.41 = \square \times \dfrac{\square}{100} = \dfrac{\square \times \square}{100} = \dfrac{\square}{100} = \square$

$12 \times$ 4 $=$ 48

$\dfrac{1}{10}$배 $\quad$ $\dfrac{1}{10}$배

$12 \times$ 0.4 $=$ 4.8

| ❶ | 1 | 2 |
|---|---|---|
| × | | 4 |
| | 4 | 8 |

➡

| ❷ | 1 | 2 |
|---|---|---|
| × | 0 . | 4 |
| | 4 . | 8 |

자연수의 곱셈으로
계산하기

곱에 소수점을
찍기

곱하는 수가 $\dfrac{1}{10}$ 배가 되면 계산 결과도 $\dfrac{1}{10}$ 배가 됩니다.

개념 확인

**2** ☐ 안에 알맞은 수를 써넣으세요.

(1) $8 \times 3 =$ ☐

$\dfrac{1}{10}$배 $\quad$ $\dfrac{1}{10}$배

$8 \times 0.3 =$ ☐

(2) $11 \times 25 =$ ☐

$\dfrac{1}{100}$배 $\quad$ $\dfrac{1}{100}$배

$11 \times 0.25 =$ ☐

곱하는 수가 $\dfrac{1}{100}$ 배가 되면
계산 결과도 $\dfrac{1}{100}$ 배가 됩니다.

(3)
$\begin{array}{r} 3\ 1 \\ \times \quad 2 \\ \hline \boxed{\phantom{00}} \end{array}$ ➡ $\begin{array}{r} 3\ 1 \\ \times\ 0.2 \\ \hline \boxed{\phantom{00}} \end{array}$

(4)
$\begin{array}{r} 2\ 5 \\ \times \quad 7 \\ \hline \boxed{\phantom{00}} \end{array}$ ➡ $\begin{array}{r} 2\ 5 \\ \times\ 0.7 \\ \hline \boxed{\phantom{00}} \end{array}$

(5)
$\begin{array}{r} 1\ 9 \\ \times \quad 8 \\ \hline \boxed{\phantom{00}} \end{array}$ ➡ $\begin{array}{r} 1\ 9 \\ \times\ 0.8 \\ \hline \boxed{\phantom{00}} \end{array}$

(6)
$\begin{array}{r} 4\ 5\ 3 \\ \times \quad 6 \\ \hline \boxed{\phantom{00}} \end{array}$ ➡ $\begin{array}{r} 4\ 5\ 3 \\ \times\ 0.0\ 6 \\ \hline \boxed{\phantom{00}} \end{array}$

**1** 계산해 보세요.

(1)
$$\begin{array}{r} 2 \\ \times\ 0.4 \\ \hline \end{array}$$

(2) $9 \times 0.8$

(3)
$$\begin{array}{r} 1\ 7 \\ \times\ 0.3 \\ \hline \end{array}$$

(4) $4 \times 0.52$

(5)
$$\begin{array}{r} 4\ 2 \\ \times\ 0.2\ 8 \\ \hline \end{array}$$

(6) $33 \times 0.16$

**2** 보기와 같이 분수의 곱셈으로 바꾸어 계산하세요.

> **보기**
> $$5 \times 0.13 = 5 \times \frac{13}{100} = \frac{65}{100} = 0.65$$

(1) $19 \times 0.6$

_____

(2) $48 \times 0.02$

_____

**3** 계산 결과를 찾아 색칠해 보세요.

(1)
$3 \times 0.9$

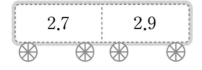

| 2.7 | 2.9 |

(2)
$14 \times 0.7$

| 0.98 | 9.8 |

(3)
$8 \times 0.32$

| 2.56 | 2.46 |

(4)
$121 \times 0.02$

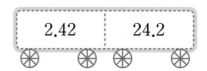

| 2.42 | 24.2 |

**4** 계산 결과를 찾아 이어 보세요.

| $11 \times 0.18$ | $25 \times 0.7$ | $6 \times 0.62$ |
|:---:|:---:|:---:|
| • | • | • |
| • | • | • |
| $1.98$ | $3.72$ | $17.5$ |

**5** 계산 결과가 더 큰 것을 찾아 기호를 써 보세요.

$$
\begin{array}{r}
\text{㉠} \quad 7\ 5 \\
\times\ 0.0\ 4 \\
\hline
\end{array}
\qquad
\begin{array}{r}
\text{㉡} \quad 1\ 3 \\
\times\ 0.2\ 6 \\
\hline
\end{array}
$$

(              )

**6** 가장 큰 수와 가장 작은 수의 곱을 구해 보세요.

(1)    67    32    0.4

(        )

(2)    8    0.51    6

(        )

**7** 강아지의 무게는 $5\ \mathrm{kg}$이고 고양이의 무게는 강아지의 무게의 $0.7$배입니다. 고양이의 무게는 몇 $\mathrm{kg}$인가요?

식

답 _____ kg

# 4×2.17은 얼마인지 알아볼까요?

**방법 ①** 분수의 곱셈으로 알아보기

> 소수 두 자리 수는 분모가 100인 분수로 나타내야 해.

자연수와 분자를 곱하기

$$4 \times 2.17 = 4 \times \frac{217}{100} = \frac{4 \times 217}{100} = \frac{868}{100} = 8.68$$

소수를 분수로 바꾸기　　　　　　　분수를 소수로 바꾸기

**참고** 4에 1보다 큰 수를 곱했으므로 계산 결과는 4보다 커집니다.

**개념 확인**

**1** ☐ 안에 알맞은 수를 써넣으세요.

(1) $3 \times 1.2 = 3 \times \dfrac{12}{10} = \dfrac{3 \times \boxed{\phantom{0}}}{10} = \dfrac{\boxed{\phantom{0}}}{10} = \boxed{\phantom{0}}$

(2) $7 \times 2.5 = 7 \times \dfrac{\boxed{\phantom{0}}}{10} = \dfrac{7 \times \boxed{\phantom{0}}}{10} = \dfrac{\boxed{\phantom{0}}}{10} = \boxed{\phantom{0}}$

(3) $5 \times 4.13 = 5 \times \dfrac{\boxed{\phantom{0}}}{100} = \dfrac{5 \times \boxed{\phantom{0}}}{100} = \dfrac{\boxed{\phantom{0}}}{100} = \boxed{\phantom{0}}$

(4) $2 \times 7.3 = 2 \times \dfrac{\boxed{\phantom{0}}}{10} = \dfrac{\boxed{\phantom{0}} \times \boxed{\phantom{0}}}{10} = \dfrac{\boxed{\phantom{0}}}{10} = \boxed{\phantom{0}}$

(5) $4 \times 3.57 = \boxed{\phantom{0}} \times \dfrac{\boxed{\phantom{0}}}{100} = \dfrac{\boxed{\phantom{0}} \times \boxed{\phantom{0}}}{100} = \dfrac{\boxed{\phantom{0}}}{100} = \boxed{\phantom{0}}$

(6) $6 \times 21.9 = \boxed{\phantom{0}} \times \dfrac{\boxed{\phantom{0}}}{10} = \dfrac{\boxed{\phantom{0}} \times \boxed{\phantom{0}}}{10} = \dfrac{\boxed{\phantom{0}}}{10} = \boxed{\phantom{0}}$

$4 \times$ 217 $=$ 868

$\dfrac{1}{100}$배 $\dfrac{1}{100}$배

$4 \times$ 2.17 $=$ 8.68

❶

$$\begin{array}{r} 4 \\ \times\ 2\ 1\ 7 \\ \hline 8\ 6\ 8 \end{array}$$

➡

❷

$$\begin{array}{r} 4 \\ \times\ 2.1\ 7 \\ \hline 8.6\ 8 \end{array}$$

자연수의 곱셈으로
계산하기

곱에 소수점을
찍기

곱하는 수가 $\dfrac{1}{100}$배가 되면 계산 결과도 $\dfrac{1}{100}$배가 됩니다.

개념 확인

**2** ☐ 안에 알맞은 수를 써넣으세요.

(1) $2 \times 14 =$ ☐

$\dfrac{1}{10}$배 $\dfrac{1}{10}$배

$2 \times 1.4 =$ ☐

곱하는 수가 $\dfrac{1}{10}$배가 되면

계산 결과도 $\dfrac{1}{10}$배가 됩니다.

(2) $3 \times 125 =$ ☐

$\dfrac{1}{100}$배 $\dfrac{1}{100}$배

$3 \times 1.25 =$ ☐

(3)
$$\begin{array}{r} 5 \\ \times\ 2\ 3 \\ \hline \end{array}$$
➡
$$\begin{array}{r} 5 \\ \times\ 2.3 \\ \hline \end{array}$$

(4)
$$\begin{array}{r} 7 \\ \times\ 3\ 6 \\ \hline \end{array}$$
➡
$$\begin{array}{r} 7 \\ \times\ 3.6 \\ \hline \end{array}$$

(5)
$$\begin{array}{r} 1\ 1 \\ \times\ 1\ 8 \\ \hline \end{array}$$
➡
$$\begin{array}{r} 1\ 1 \\ \times\ 1.8 \\ \hline \end{array}$$

(6)
$$\begin{array}{r} 8 \\ \times\ 2\ 0\ 6 \\ \hline \end{array}$$
➡
$$\begin{array}{r} 8 \\ \times\ 2.0\ 6 \\ \hline \end{array}$$

**1** 계산해 보세요.

(1)
$$\begin{array}{r} 2 \\ \times\ 2.4 \\ \hline \end{array}$$

(2) $9 \times 3.1$

(3)
$$\begin{array}{r} 2\ 5 \\ \times\ 3.1 \\ \hline \end{array}$$

(4) $34 \times 1.8$

(5)
$$\begin{array}{r} 3 \\ \times\ 4.2\ 6 \\ \hline \end{array}$$

(6) $7 \times 1.42$

**2** 보기 와 같이 분수의 곱셈으로 바꾸어 계산하세요.

> 보기
>
>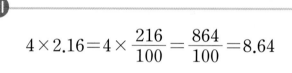
> $$4 \times 2.16 = 4 \times \frac{216}{100} = \frac{864}{100} = 8.64$$

(1) $29 \times 2.2$

(2) $6 \times 7.03$

**3** 빈 곳에 알맞은 수를 써넣으세요.

(1)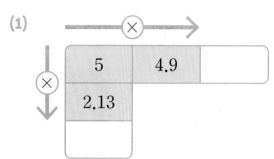

(2)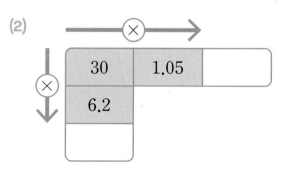

**4** 잘못 계산한 것을 찾아 기호를 쓰고, 바르게 계산한 값을 구해 보세요.

$$\text{㉠ } 28 \times 5.1 = 14.28 \qquad \text{㉡ } 2 \times 26.9 = 53.8$$

기호 (            )

바르게 계산한 값 (         )

**5** 두 수의 곱을 구해 보세요.

 12      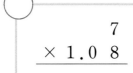 0.1이 37개인 수

(           )

**6** 곱이 큰 것부터 차례대로 ◯ 안에 1, 2, 3을 써넣으세요.

◯
$$\begin{array}{r} 7 \\ \times\ 1.0\ 8 \\ \hline \end{array}$$

◯
$$\begin{array}{r} 1\ 6 \\ \times\ 4.2 \\ \hline \end{array}$$

◯
$$\begin{array}{r} 3 \\ \times\ 2\ 1.3 \\ \hline \end{array}$$

**7** 냉장고에 주스는 2 L 있고 우유는 주스의 1.8배만큼 있습니다. 우유는 몇 L 있나요?

식 _____

답 _____ L

**1** ☐ 안에 알맞은 수를 써넣으세요.

(1) $0.6 \times 2 = \dfrac{\boxed{\phantom{0}}}{10} \times 2 = \dfrac{\boxed{\phantom{0}} \times \boxed{\phantom{0}}}{10} = \dfrac{\boxed{\phantom{0}}}{10} = \boxed{\phantom{0}}$

(2) $3 \times 2.31 = 3 \times \dfrac{\boxed{\phantom{0}}}{100} = \dfrac{\boxed{\phantom{0}} \times \boxed{\phantom{0}}}{100} = \dfrac{\boxed{\phantom{0}}}{100} = \boxed{\phantom{0}}$

**2** ☐ 안에 알맞은 수를 써넣으세요.

(1) $112 \times 3 = \boxed{\phantom{0000}}$

$\dfrac{1}{100}$ 배

$\dfrac{1}{\boxed{\phantom{0}}}$ 배

$1.12 \times 3 = \boxed{\phantom{0000}}$

(2)
$$\begin{array}{r} 4\ 1 \\ \times \quad 8 \\ \hline \boxed{\phantom{000}} \end{array} \quad \rightarrow \quad \begin{array}{r} 4\ 1 \\ \times\ 0\ .\ 8 \\ \hline \boxed{\phantom{000}} \end{array}$$

**3** 계산해 보세요.

(1)
$$\begin{array}{r} 2\ .\ 9 \\ \times \quad 5 \\ \hline \end{array}$$

(2)
$$\begin{array}{r} 7 \\ \times\ 0\ .\ 4\ 3 \\ \hline \end{array}$$

**4** 계산 결과가 다른 하나를 찾아 기호를 써 보세요.

$$\boxed{\quad \bigcirc\ 0.9 + 0.9 + 0.9 \qquad \bigcirc\ 0.9 \times 3 \qquad \bigcirc\ \dfrac{9}{100} \times 3 \quad}$$

(         )

**5** 바르게 계산한 사람의 이름을 써 보세요.

민재

$34 \times 0.08 = 27.2$

$5 \times 0.9 = 4.5$

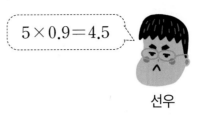
선우

(                    )

**6** 계산 결과를 찾아 이어 보세요.

$0.6 \times 4$ •

$20 \times 0.65$ •

$11 \times 1.7$ •

• 13

• 18.7

• 2.4

**7** 빈 곳에 두 수의 곱을 써넣으세요.

(1)

| 36 | 0.2 |
|----|-----|
|    |     |

(2)

| 5.61 | 3 |
|------|---|
|      |   |

**8** 계산이 잘못된 곳을 찾아 바르게 계산해 보세요.

$$6 \times 0.24 = 6 \times \frac{24}{10} = \frac{6 \times 24}{10} = \frac{144}{10} = 14.4$$

$$6 \times 0.24$$

**9** 계산 결과를 비교하여 ◯ 안에 >, =, <를 알맞게 써넣으세요.

$$32 \times 1.16 \quad \bigcirc \quad 2.5 \times 15$$

**10** ☐ 안에 들어갈 수 있는 자연수를 모두 구해 보세요.

$$0.26 \times 13 > \boxed{\phantom{0}}$$

(            )

**11** 물이 한 컵에 $0.23$ L씩 들어 있습니다. 6개의 컵에 들어 있는 물은 모두 몇 L인가요?

(            )

**12** 한 변의 길이가 9.2 cm인 마름모의 네 변의 길이의 합은 몇 cm인가요?

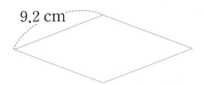

9.2 cm

(            )

**13** 운동장 한 바퀴는 600 m입니다. 하은이가 운동장을 2바퀴 반 달렸다면 하은이가 달린 거리는 모두 몇 m인가요?

(            )

**빠른 개념 찾기**

틀린 문제는 개념을 다시 확인해 보세요.

05일차 정답 확인

| 개념 | | 문제 번호 |
| --- | --- | --- |
| 01일차 | (1보다 작은 소수)×(자연수) | 1(1), 4, 6, 10, 11 |
| 02일차 | (1보다 큰 소수)×(자연수) | 2(1), 3(1), 7(2), 9, 12 |
| 03일차 | (자연수)×(1보다 작은 소수) | 2(2), 3(2), 5, 6, 7(1), 8 |
| 04일차 | (자연수)×(1보다 큰 소수) | 1(2), 6, 9, 13 |

## 06 일차

(1보다 작은 소수)×(1보다 작은 소수)

# 0.12×0.7은 얼마인지 알아볼까요?

**방법 ①** 분수의 곱셈으로 알아보기

스마트 학습

$$0.12 \times 0.7 = \frac{12}{100} \times \frac{7}{10} = \frac{12 \times 7}{100 \times 10} = \frac{84}{1000} = \mathbf{0.084}$$

소수를 분수로 바꾸기　　　　　　　　분수를 소수로 바꾸기

**참고** 진분수끼리의 곱셈은 분자는 분자끼리, 분모는 분모끼리 곱합니다.

$$\frac{\triangle}{\blacksquare} \times \frac{\bigstar}{\bullet} = \frac{\triangle \times \bigstar}{\blacksquare \times \bullet}$$

**개념확인**

**1** ☐ 안에 알맞은 수를 써넣으세요.

(1) $0.9 \times 0.3 = \dfrac{9}{10} \times \dfrac{3}{10} = \dfrac{9 \times \boxed{\phantom{0}}}{10 \times 10} = \dfrac{\boxed{\phantom{0}}}{100} = \boxed{\phantom{0}}$

(2) $0.2 \times 0.6 = \dfrac{2}{10} \times \dfrac{\boxed{\phantom{0}}}{10} = \dfrac{2 \times \boxed{\phantom{0}}}{10 \times 10} = \dfrac{\boxed{\phantom{0}}}{100} = \boxed{\phantom{0}}$

(3) $0.4 \times 0.15 = \dfrac{4}{10} \times \dfrac{\boxed{\phantom{0}}}{100} = \dfrac{4 \times \boxed{\phantom{0}}}{10 \times 100} = \dfrac{\boxed{\phantom{0}}}{1000} = \boxed{\phantom{0}}$

(4) $0.31 \times 0.8 = \dfrac{\boxed{\phantom{0}}}{100} \times \dfrac{\boxed{\phantom{0}}}{\boxed{\phantom{0}}} = \dfrac{\boxed{\phantom{0}} \times \boxed{\phantom{0}}}{100 \times \boxed{\phantom{0}}} = \dfrac{\boxed{\phantom{0}}}{\boxed{\phantom{0}}} = \boxed{\phantom{0}}$

(5) $0.43 \times 0.19 = \dfrac{\boxed{\phantom{0}}}{100} \times \dfrac{\boxed{\phantom{0}}}{\boxed{\phantom{0}}} = \dfrac{\boxed{\phantom{0}} \times \boxed{\phantom{0}}}{\boxed{\phantom{0}} \times \boxed{\phantom{0}}} = \dfrac{\boxed{\phantom{0}}}{\boxed{\phantom{0}}}$

$$= \boxed{\phantom{0}}$$

$$12 \times 7 = 84$$

$\frac{1}{100}$배 $\quad$ $\frac{1}{10}$배 $\quad$ $\frac{1}{1000}$배

$$0.12 \times 0.7 = \mathbf{0.084}$$

❶
| | 1 | 2 |
|---|---|---|
| × | | 7 |
| 8 | 4 | |

➡

❷
| | 0. | 1 | 2 |
|---|---|---|---|
| × | | 0. | 7 |
| 0. | 0 | 8 | 4 |

자연수의 곱셈
으로 계산하기

곱에 소수점을
찍기

곱하는 두 수가 각각 $\frac{1}{100}$배, $\frac{1}{10}$배가 되면 계산 결과는 $\frac{1}{1000}$배가 됩니다.

개념 확인

**2** ☐ 안에 알맞은 수를 써넣으세요.

(1) $5 \times 5 = \boxed{\phantom{00}}$

$\frac{1}{10}$배 $\quad$ $\frac{1}{10}$배 $\quad$ $\frac{1}{100}$배

$0.5 \times 0.5 = \boxed{\phantom{00}}$

(2) $4 \times 6 = \boxed{\phantom{00}}$

$\frac{1}{10}$배 $\quad$ $\frac{1}{10}$배 $\quad$ $\frac{1}{\boxed{\phantom{0}}}$배

$0.4 \times 0.6 = \boxed{\phantom{00}}$

(3) $9 \times 13 = \boxed{\phantom{00}}$

$\frac{1}{10}$배 $\quad$ $\frac{1}{100}$배 $\quad$ $\frac{1}{\boxed{\phantom{0}}}$배

$0.9 \times 0.13 = \boxed{\phantom{00}}$

(4) $15 \times 81 = \boxed{\phantom{00}}$

$\frac{1}{100}$배 $\quad$ $\frac{1}{100}$배 $\quad$ $\frac{1}{10000}$배

$0.15 \times 0.81 = \boxed{\phantom{00}}$

(5)
| | 9 |
|---|---|
| × | 8 |
| | $\boxed{\phantom{00}}$ |

➡

| | 0.9 |
|---|---|
| × | 0.8 |
| | $\boxed{\phantom{00}}$ |

(6)
| | 2 |
|---|---|
| × | 3 7 |
| | $\boxed{\phantom{00}}$ |

➡

| | 0.2 |
|---|---|
| × | 0.3 7 |
| | $\boxed{\phantom{00}}$ |

계산해 보세요.

(1)
$$
\begin{array}{r}
0.2 \\
\times\ 0.4 \\
\hline
\end{array}
$$

(2) $0.7 \times 0.5$

(3)
$$
\begin{array}{r}
0.2\ 1 \\
\times\quad 0.6 \\
\hline
\end{array}
$$

(4) $0.3 \times 0.14$

(5)
$$
\begin{array}{r}
0.1\ 7 \\
\times\ 0.0\ 9 \\
\hline
\end{array}
$$

(6) $0.36 \times 0.18$

 보기와 같이 분수의 곱셈으로 바꾸어 계산하세요.

보기

$$0.8 \times 0.07 = \frac{8}{10} \times \frac{7}{100} = \frac{56}{1000} = 0.056$$

(1) $0.3 \times 0.15$

(2) $0.35 \times 0.4$

 빈 곳에 알맞은 수를 써넣으세요.

(1)

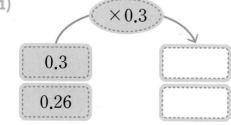

(2)

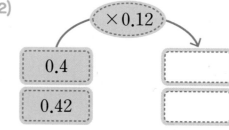

**4** 바르게 계산한 것에 ◯표 하세요.

(1)
$$0.8 \times 0.6 = 0.48 \quad —— \bigcirc$$

$$0.8 \times 0.6 = 4.8 \quad —— \bigcirc$$

(2)
$$0.39 \times 0.2 = 0.78 \quad —— \bigcirc$$

$$0.39 \times 0.2 = 0.078 \quad —— \bigcirc$$

**5** 계산 결과가 $0.9 \times 0.04$와 다른 것을 찾아 기호를 써 보세요.

㉠ $0.18 \times 0.2$  ㉡ $0.3 \times 0.12$  ㉢ $0.6 \times 0.6$

( )

**6** ㉠과 ㉡의 곱을 구해 보세요.

(1)
㉠ 0.1이 5개인 수
㉡ 0.1이 8개인 수

( )

(2)
㉠ 0.01이 17개인 수
㉡ 0.01이 13개인 수

( )

**7** 지은이는 철사를 $0.9\ \mathrm{m}$의 $0.6$만큼 잘라 사용하였습니다. 지은이가 사용한 철사의 길이는 몇 $\mathrm{m}$인가요?

식

답 _____ m

# 1.4×2.36은 얼마인지 알아볼까요?

**방법 1** 분수의 곱셈으로 알아보기

스마트 학습

$$1.4 \times 2.36 = \frac{14}{10} \times \frac{236}{100} = \frac{14 \times 236}{10 \times 100} = \frac{3304}{1000} = 3.304$$

소수를 분수로 바꾸기  분수를 소수로 바꾸기

**참고**  소수 한 자리 수 → 분모가 10인 분수  
소수 두 자리 수 → 분모가 100인 분수 ⊗ → 분모가 1000인 분수  
↓  
소수 세 자리 수

**개념 확인**

**1**  ☐ 안에 알맞은 수를 써넣으세요.

(1) $3.1 \times 2.2 = \dfrac{31}{10} \times \dfrac{22}{10} = \dfrac{31 \times \boxed{\phantom{0}}}{10 \times 10} = \dfrac{\boxed{\phantom{0}}}{100} = \boxed{\phantom{0}}$

(2) $4.5 \times 1.6 = \dfrac{\boxed{\phantom{0}}}{10} \times \dfrac{16}{10} = \dfrac{\boxed{\phantom{0}} \times 16}{\boxed{\phantom{0}} \times 10} = \dfrac{\boxed{\phantom{0}}}{\boxed{\phantom{0}}} = \boxed{\phantom{0}}$

(3) $2.7 \times 1.4 = \dfrac{27}{10} \times \dfrac{\boxed{\phantom{0}}}{\boxed{\phantom{0}}} = \dfrac{\boxed{\phantom{0}} \times \boxed{\phantom{0}}}{10 \times \boxed{\phantom{0}}} = \dfrac{\boxed{\phantom{0}}}{100} = \boxed{\phantom{0}}$

(4) $1.14 \times 6.3 = \dfrac{114}{100} \times \dfrac{\boxed{\phantom{0}}}{\boxed{\phantom{0}}} = \dfrac{\boxed{\phantom{0}} \times \boxed{\phantom{0}}}{100 \times \boxed{\phantom{0}}} = \dfrac{\boxed{\phantom{0}}}{\boxed{\phantom{0}}} = \boxed{\phantom{0}}$

(5) $2.8 \times 3.52 = \dfrac{\boxed{\phantom{0}}}{10} \times \dfrac{\boxed{\phantom{0}}}{\boxed{\phantom{0}}} = \dfrac{\boxed{\phantom{0}} \times \boxed{\phantom{0}}}{10 \times \boxed{\phantom{0}}} = \dfrac{\boxed{\phantom{0}}}{\boxed{\phantom{0}}}$

$= \boxed{\phantom{0}}$

$$14 \times 236 = 3304$$

$\frac{1}{10}$배  $\frac{1}{100}$배  $\frac{1}{1000}$배

$$1.4 \times 2.36 = \mathbf{3.304}$$

❶

$$\begin{array}{r} 1\ 4 \\ \times\ 2\ 3\ 6 \\ \hline 3\ 3\ 0\ 4 \end{array}$$

자연수의 곱셈
으로 계산하기

❷

$$\begin{array}{r} 1\,.\,4 \\ \times\ 2\,.\,3\ 6 \\ \hline 3\,.\,3\ 0\ 4 \end{array}$$

곱에 소수점을
찍기

곱하는 두 수가 각각 $\frac{1}{10}$배, $\frac{1}{100}$배가 되면 계산 결과는 $\frac{1}{1000}$배가 됩니다.

개념 확인

**2** ☐ 안에 알맞은 수를 써넣으세요.

(1) $11 \times 34 = \boxed{\phantom{000}}$

$\frac{1}{10}$배  $\frac{1}{10}$배  $\frac{1}{100}$배

$1.1 \times 3.4 = \boxed{\phantom{000}}$

(2) $28 \times 41 = \boxed{\phantom{000}}$

$\frac{1}{10}$배  $\frac{1}{10}$배  $\frac{1}{\boxed{\phantom{0}}}$배

$2.8 \times 4.1 = \boxed{\phantom{000}}$

(3) $125 \times 17 = \boxed{\phantom{000}}$

$\frac{1}{100}$배  $\frac{1}{10}$배  $\frac{1}{\boxed{\phantom{0}}}$배

$1.25 \times 1.7 = \boxed{\phantom{000}}$

(4) $321 \times 114 = \boxed{\phantom{000}}$

$\frac{1}{100}$배  $\frac{1}{100}$배  $\frac{1}{10000}$배

$3.21 \times 1.14 = \boxed{\phantom{000}}$

(5)
$$\begin{array}{r} 5\ 6 \\ \times\ 6\ 3 \\ \hline \end{array} \rightarrow \begin{array}{r} 5\,.\,6 \\ \times\ 6\,.\,3 \\ \hline \end{array}$$

(6)
$$\begin{array}{r} 7\ 0\ 9 \\ \times\ 1\ 2\ 8 \\ \hline \end{array} \rightarrow \begin{array}{r} 7\,.\,0\ 9 \\ \times\ 1\,.\,2\ 8 \\ \hline \end{array}$$

계산해 보세요.

(1)
```
     1 . 2
 ×   1 . 4
```

(2) $2.5 \times 2.1$

(3)
```
     2 . 3
 ×   3 . 5
```

(4) $1.6 \times 7.4$

(5)
```
     3 . 1  1
 ×      1 . 7
```

(6) $3.2 \times 4.01$

 보기와 같이 분수의 곱셈으로 바꾸어 계산하세요.

보기

$$2.9 \times 1.4 = \frac{29}{10} \times \frac{14}{10} = \frac{406}{100} = 4.06$$

(1) $1.73 \times 4.2$

(2) $7.5 \times 1.8$

 빈 곳에 알맞은 수를 써넣으세요.

(1) 4.9

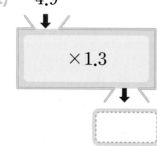

(2) 2.6

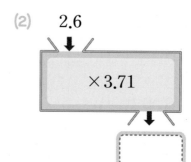

**4** 계산 결과를 찾아 이어 보세요.

$$1.3 \times 4.7 \quad \bullet$$

$$1.8 \times 2.6 \quad \bullet$$

$$\bullet \quad 4.68$$

$$\bullet \quad 6.11$$

**5** 두 수의 곱을 구해 보세요.

(1) 1.7    2.5

(   　　　)

(2) 2.58    1.64

(   　　　)

**6** 계산 결과가 10보다 큰 곳을 모두 찾아 색칠해 보세요.

| $3.4 \times 3.7$ | $1.3 \times 7.1$ | $4.95 \times 2.8$ |
|---|---|---|
| $1.9 \times 5.11$ | $4.4 \times 2.5$ | $6.2 \times 1.6$ |

**7** 진영이의 키는 1.5 m이고 아버지의 키는 진영이의 키의 1.2배입니다. 아버지의 키는 몇 m인가요?

식 _____

답 _____ m

# 0.37×1.26은 얼마인지 알아볼까요?

방법 ① 분수의 곱셈으로 알아보기

$$0.37 \times 1.26 = \frac{37}{100} \times \frac{126}{100} = \frac{37 \times 126}{100 \times 100} = \frac{4662}{10000} = \mathbf{0.4662}$$

소수를 분수로 바꾸기                    분수를 소수로 바꾸기

여러 가지 소수의 곱셈을 앞에서 배운 것과 같이 계산해 보자!

**개념 확인**

**1** ☐ 안에 알맞은 수를 써넣으세요.

(1) $0.9 \times 2.8 = \dfrac{9}{10} \times \dfrac{28}{10} = \dfrac{\boxed{\phantom{0}} \times 28}{10 \times 10} = \dfrac{\boxed{\phantom{0}}}{100} = \boxed{\phantom{00}}$

(2) $1.5 \times 0.13 = \dfrac{15}{10} \times \dfrac{\boxed{\phantom{0}}}{100} = \dfrac{15 \times \boxed{\phantom{0}}}{10 \times 100} = \dfrac{\boxed{\phantom{0}}}{1000} = \boxed{\phantom{00}}$

(3) $0.27 \times 4.6 = \dfrac{27}{100} \times \dfrac{\boxed{\phantom{0}}}{\boxed{\phantom{0}}} = \dfrac{\boxed{\phantom{0}} \times \boxed{\phantom{0}}}{100 \times \boxed{\phantom{0}}} = \dfrac{\boxed{\phantom{0}}}{1000} = \boxed{\phantom{00}}$

(4) $0.52 \times 14.1 = \dfrac{\boxed{\phantom{0}}}{\boxed{\phantom{0}}} \times \dfrac{141}{\boxed{\phantom{0}}} = \dfrac{\boxed{\phantom{0}} \times \boxed{\phantom{0}}}{\boxed{\phantom{0}} \times 10}$

$= \dfrac{\boxed{\phantom{0}}}{\boxed{\phantom{0}}}$

$= \boxed{\phantom{00}}$

(5) $6.23 \times 0.83 = \dfrac{\boxed{\phantom{0}}}{100} \times \dfrac{\boxed{\phantom{0}}}{\boxed{\phantom{0}}} = \dfrac{\boxed{\phantom{0}} \times \boxed{\phantom{0}}}{\boxed{\phantom{0}} \times \boxed{\phantom{0}}} = \dfrac{\boxed{\phantom{0}}}{\boxed{\phantom{0}}}$

$= \boxed{\phantom{00}}$

$$37 \times 126 = 4662$$

$\left(\dfrac{1}{100}\text{배}\right) \dfrac{1}{100}\text{배} \Big) \dfrac{1}{10000}\text{배}$

$$0.37 \times 1.26 = \mathbf{0.4662}$$

| ❶ | | 3 | 7 |
|---|---|---|---|
| × | 1 | 2 | 6 |
| 4 | 6 | 6 | 2 |

자연수의 곱셈
으로 계산하기

➔

| ❷ | | 0 . | 3 | 7 |
|---|---|---|---|---|
| × | | 1 . | 2 | 6 |
| 0 . | 4 | 6 | 6 | 2 |

곱에 소수점을
찍기

곱하는 두 수가 각각 $\dfrac{1}{100}$배, $\dfrac{1}{100}$배가 되면 계산 결과는 $\dfrac{1}{10000}$배가 됩니다.

개념 확인

**2** ☐ 안에 알맞은 수를 써넣으세요.

(1)
$$2 \times 63 = \boxed{\phantom{000}}$$
$\dfrac{1}{10}$배 $\Big($ $\Big)$ $\dfrac{1}{10}$배 $\Big)$ $\dfrac{1}{100}$배
$$0.2 \times 6.3 = \boxed{\phantom{000}}$$

(2)
$$14 \times 21 = \boxed{\phantom{000}}$$
$\dfrac{1}{10}$배 $\Big($ $\Big)$ $\dfrac{1}{100}$배 $\Big)$ $\dfrac{1}{\boxed{\phantom{0}}}$배
$$1.4 \times 0.21 = \boxed{\phantom{000}}$$

(3)
$$56 \times 78 = \boxed{\phantom{000}}$$
$\dfrac{1}{100}$배 $\Big($ $\Big)$ $\dfrac{1}{10}$배 $\Big)$ $\dfrac{1}{\boxed{\phantom{0}}}$배
$$0.56 \times 7.8 = \boxed{\phantom{000}}$$

(4)
$$49 \times 815 = \boxed{\phantom{000}}$$
$\dfrac{1}{100}$배 $\Big($ $\Big)$ $\dfrac{1}{100}$배 $\Big)$ $\dfrac{1}{10000}$배
$$0.49 \times 8.15 = \boxed{\phantom{000}}$$

(5)
$$\begin{array}{r} 5\ 4 \\ \times\quad 6 \\ \hline \end{array} \quad ➔ \quad \begin{array}{r} 5.4 \\ \times\ 0.6 \\ \hline \end{array}$$
$\boxed{\phantom{00}}$ $\boxed{\phantom{00}}$

(6)
$$\begin{array}{r} 9\ 2 \\ \times\ 3\ 7 \\ \hline \end{array} \quad ➔ \quad \begin{array}{r} 9.2 \\ \times\ 0.3\ 7 \\ \hline \end{array}$$
$\boxed{\phantom{00}}$ $\boxed{\phantom{00}}$

**1** 계산해 보세요.

(1)
$$
\begin{array}{r}
3.2 \\
\times\ 0.3 \\
\hline
\end{array}
$$

(2) $0.6 \times 2.4$

(3)
$$
\begin{array}{r}
1.57 \\
\times\ \ \ 0.4 \\
\hline
\end{array}
$$

(4) $0.9 \times 4.8$

(5)
$$
\begin{array}{r}
4.5 \\
\times\ 0.19 \\
\hline
\end{array}
$$

(6) $6.31 \times 0.17$

**2** 분수의 곱셈으로 계산해 보세요.

(1) $8.5 \times 0.2$

(2) $0.14 \times 2.6$

**3** 빈 곳에 알맞은 수를 써넣으세요.

(1)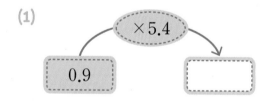

(2)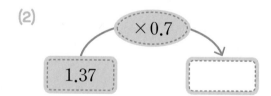

**4** 빈 곳에 두 수의 곱을 써넣으세요.

(1)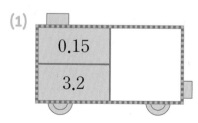

(2)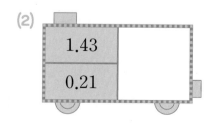

**5** 계산 결과를 찾아 색칠해 보세요.

(1)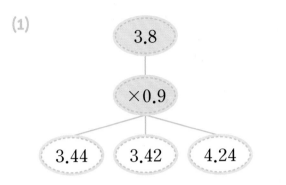

(2)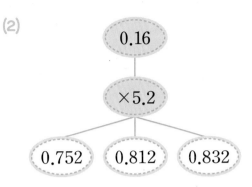

**6** 크기를 비교하여 ○ 안에 >, =, <를 알맞게 써넣으세요.

(1) $0.8 \times 6.4$ ○ 5

(2) $4.02 \times 0.23$ ○ 1

**7** 가장 큰 수와 가장 작은 수의 곱을 구해 보세요.

| 8.3 | 0.19 | 8.23 | 0.45 |

(          )

**8** 어떤 자동차는 1 km를 달리는 데 0.2 L의 휘발유가 필요합니다. 이 자동차가 2.6 km를 달리는 데 필요한 휘발유는 몇 L인가요?

식

답 _____ L

# 자연수와 소수의 곱셈에서 곱의 소수점의 위치를 알아볼까요?

**소수에 10, 100, 1000을 곱하기**

$$1.28 \times 1 = 1.28$$

$$1.28 \times 10 = 12.8$$

$$1.28 \times 100 = 128$$

$$1.28 \times 1000 = 1280$$

곱하는 수의 0이 하나씩 늘어날 때마다 곱의 소수점이 **오른쪽으로 한 칸씩 옮겨**집니다.

**자연수에 0.1, 0.01, 0.001을 곱하기**

$$345 \times 1 = 345$$

$$345 \times 0.1 = 34.5$$

$$345 \times 0.01 = 3.45$$

$$345 \times 0.001 = 0.345$$

곱하는 소수의 소수점 아래 자리 수가 하나씩 늘어날 때마다 곱의 소수점이 **왼쪽으로 한 칸씩 옮겨**집니다.

**개념 확인**

**1** ☐ 안에 알맞은 수를 써넣으세요.

(1)
$$9.432 \times 1 = 9.432$$
$$9.432 \times 10 = 94.32$$
$$9.432 \times 100 = \boxed{\phantom{000}}$$
$$9.432 \times 1000 = \boxed{\phantom{000}}$$

(2)
$$635 \times 1 = 635$$
$$635 \times 0.1 = 63.5$$
$$635 \times 0.01 = \boxed{\phantom{000}}$$
$$635 \times 0.001 = \boxed{\phantom{000}}$$

(3)
$$2.45 \times 1 = \boxed{\phantom{000}}$$
$$2.45 \times 10 = \boxed{\phantom{000}}$$
$$2.45 \times 100 = \boxed{\phantom{000}}$$
$$2.45 \times 1000 = \boxed{\phantom{000}}$$

(4)
$$400 \times 1 = \boxed{\phantom{000}}$$
$$400 \times 0.1 = \boxed{\phantom{000}}$$
$$400 \times 0.01 = \boxed{\phantom{000}}$$
$$400 \times 0.001 = \boxed{\phantom{000}}$$

(5)
$$10.101 \times 10 = \boxed{\phantom{000}}$$
$$10.101 \times 100 = \boxed{\phantom{000}}$$
$$10.101 \times 1000 = \boxed{\phantom{000}}$$

(6)
$$19 \times 0.1 = \boxed{\phantom{000}}$$
$$19 \times 0.01 = \boxed{\phantom{000}}$$
$$19 \times 0.001 = \boxed{\phantom{000}}$$

# 소수끼리의 곱셈에서 곱의 소수점의 위치를 알아볼까요?

$0.7 \times 0.8 = 0.56$ ➡ (소수 한 자리 수) × (소수 한 자리 수) = (소수 두 자리 수)
$$1 + 1 = 2$$

$0.7 \times 0.08 = 0.056$ ➡ (소수 한 자리 수) × (소수 두 자리 수) = (소수 세 자리 수)
$$1 + 2 = 3$$

$0.07 \times 0.8 = 0.056$ ➡ (소수 두 자리 수) × (소수 한 자리 수) = (소수 세 자리 수)
$$2 + 1 = 3$$

$0.07 \times 0.08 = 0.0056$ ➡ (소수 두 자리 수) × (소수 두 자리 수) = (소수 네 자리 수)
$$2 + 2 = 4$$

> 자연수끼리 계산한 결과에 곱하는 두 수의 **소수점 아래 자리 수를 더한 것만큼** 소수점을 왼쪽으로 옮겨 표시해 줍니다.

스마트 학습

---

**개념 확인**

**2** $5 \times 9 = 45$를 이용하여 ☐ 안에 알맞은 수를 써넣으세요.

(1) $0.5 \times 0.9 = \boxed{\phantom{00}}$     (2) $0.05 \times 0.9 = \boxed{\phantom{00}}$

➡ (소수 한 자리 수) × (소수 한 자리 수)

= (소수 두 자리 수)

---

**개념 확인**

**3** $4 \times 23 = 92$를 이용하여 ☐ 안에 알맞은 수를 써넣으세요.

(1) $0.4 \times 2.3 = \boxed{\phantom{00}}$     (2) $0.4 \times 0.23 = \boxed{\phantom{00}}$

(3) $0.04 \times 2.3 = \boxed{\phantom{00}}$     (4) $0.04 \times 0.23 = \boxed{\phantom{00}}$

---

**개념 확인**

**4** $16 \times 35 = 560$을 이용하여 ☐ 안에 알맞은 수를 써넣으세요.

(1) $1.6 \times 3.5 = \boxed{\phantom{00}}$     (2) $1.6 \times 0.35 = \boxed{\phantom{00}}$

(3) $0.16 \times 3.5 = \boxed{\phantom{00}}$     (4) $0.16 \times 0.35 = \boxed{\phantom{00}}$

**1** 빈 곳에 알맞은 수를 써넣으세요.

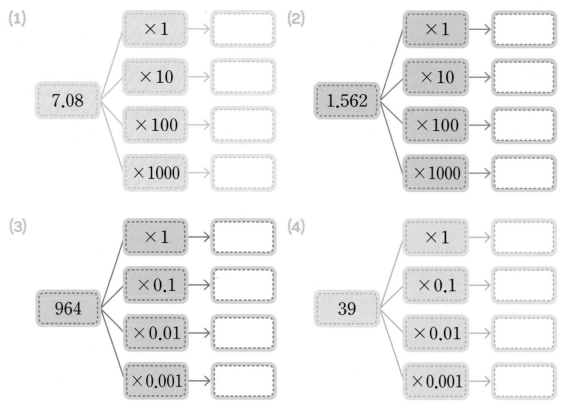

(1)

7.08

×1 →
×10 →
×100 →
×1000 →

(2)

1.562

×1 →
×10 →
×100 →
×1000 →

(3)

964

×1 →
×0.1 →
×0.01 →
×0.001 →

(4)

39

×1 →
×0.1 →
×0.01 →
×0.001 →

**2** 계산이 맞도록 곱의 결과에 소수점을 찍어 보세요.

(1)

$$796 \times 0.1 = 7\ 9\ 6$$

(2)

$$3148 \times 0.001 = 3\ 1\ 4\ 8$$

**3** 보기를 이용하여 ☐ 안에 알맞은 수를 써넣으세요.

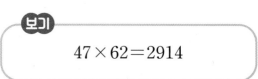

보기

$$47 \times 62 = 2914$$

(1) $4.7 \times 6.2 = $ ☐

(2) $0.47 \times 6.2 = $ ☐

(3) $4.7 \times 0.62 = $ ☐

(4) $0.47 \times 0.62 = $ ☐

**4** 계산 결과를 찾아 이어 보세요.

| $0.95 \times 10$ | $0.95 \times 100$ | $0.95 \times 1000$ |
|:---:|:---:|:---:|
| • | • | • |
| • | • | • |
| 95 | 950 | 9.5 |

**5** ☐ 안에 알맞은 수가 다른 하나를 찾아 기호를 써 보세요.

㉠ $6.08 \times \boxed{\phantom{0}} = 60.8$　　㉡ $60.8 \times \boxed{\phantom{0}} = 6.08$　　㉢ $0.608 \times \boxed{\phantom{0}} = 6.08$

( 　　　　　　　　　 )

**6** 지연이가 말하는 곱셈을 이용하여 식을 완성해 보세요.

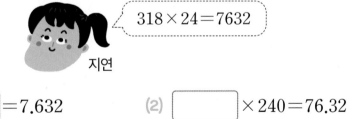

$318 \times 24 = 7632$

지연

(1) $31.8 \times \boxed{\phantom{0}} = 7.632$　　　　(2) $\boxed{\phantom{0}} \times 240 = 76.32$

**7** 종이 한 묶음의 무게는 $1.214$ kg입니다. 똑같은 종이 10묶음, 100묶음, 1000묶음의 무게는 각각 몇 kg인가요?

종이 10묶음 ( 　　　　　　 ) kg

종이 100묶음 ( 　　　　　　 ) kg

종이 1000묶음 ( 　　　　　　 ) kg

09일차

# 마무리 하기

**1** ☐ 안에 알맞은 수를 써넣으세요.

(1) $0.4 \times 0.3 = \dfrac{\square}{10} \times \dfrac{\square}{10} = \dfrac{\square}{\square} = \square$

(2) $1.2 \times 0.13 = \dfrac{\square}{\square} \times \dfrac{\square}{100} = \dfrac{\square}{1000} = \square$

**2** 계산해 보세요.

(1)
- $0.523 \times 10 = \square$
- $0.523 \times 100 = \square$
- $0.523 \times 1000 = \square$

(2)
- $236 \times 0.1 = \square$
- $236 \times 0.01 = \square$
- $236 \times 0.001 = \square$

**3** 해민이와 은성이가 말하는 수의 곱을 구해 보세요.

해민      0.9      0.21      은성

(          )

**4** ☐ 안에 알맞은 수가 다른 하나는 어느 것인가요? ⋯⋯⋯⋯⋯⋯ (     )

① $9.1 \times \square = 910$   ② $\square \times 0.441 = 44.1$

③ $6.92 \times \square = 692$   ④ $\square \times 115 = 11.5$

⑤ $\square \times 21.2 = 2120$

**5** $217 \times 38 = 8246$을 이용하여 식을 완성해 보세요.

(1) $2.17 \times \boxed{\phantom{XX}} = 0.8246$   (2) $\boxed{\phantom{XX}} \times 380 = 824.6$

**6** ☐ 안에 알맞은 수가 $0.01$인 것에 ◯표 하세요.

$79 \times \square = 0.079$     $790 \times \square = 7.9$

(          )          (          )

**7** 계산 결과를 찾아 이어 보세요.

$0.95 \times 0.4$ •              • $7.56$

$6.3 \times 1.2$ •              • $0.38$

$0.6 \times 5.7$ •              • $3.42$

**8** 빈 곳에 알맞은 수를 써넣으세요.

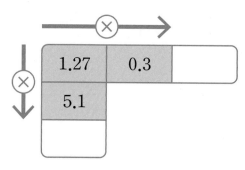

**9** 계산 결과가 소수 두 자리 수인 것을 찾아 기호를 써 보세요.

> ㉠ 72의 0.1      ㉡ 0.72의 10배
>
> ㉢ 720 × 0.001      ㉣ 7.2의 100배

(          )

**10** 계산이 잘못된 곳을 찾아 바르게 계산해 보세요.

$$8.5 \times 1.2 = \frac{85}{10} \times \frac{12}{10} = \frac{85 \times 12}{10} = \frac{1020}{10} = 102$$

➔ $8.5 \times 1.2$ _____

**11** 달콤 초콜릿 한 개는 0.4 kg입니다. 그중 0.32만큼이 지방 성분일 때 지방 성분은 몇 kg인지 구해 보세요.

(          )

**12** 가로가 1.7 m, 세로가 1.8 m인 직사각형 모양의 종이가 있습니다. 이 종이의 넓이는 몇 $m^2$인가요?

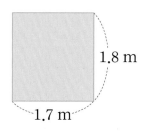

1.8 m

1.7 m

(               )

**13** 어느 날 경유 1 L의 가격은 1630원입니다. 같은 날 경유 0.1 L, 0.01 L, 0.001 L의 가격을 구하여 다음 표의 빈칸에 알맞은 수를 써 보세요.

| 경유의 양(L) | 0.1 | 0.01 | 0.001 |
|---|---|---|---|
| 가격(원) | | | |

**빠른 개념 찾기**

틀린 문제는 개념을 다시 확인해 보세요.

10일차 정답 확인

| 개념 | 문제 번호 |
|---|---|
| 06일차 (1보다 작은 소수)×(1보다 작은 소수) | 1(1), 3, 7, 11 |
| 07일차 (1보다 큰 소수)×(1보다 큰 소수) | 7, 8, 10, 12 |
| 08일차 (소수)×(소수) | 1(2), 7, 8 |
| 09일차 곱의 소수점의 위치 | 2, 4, 5, 6, 9, 13 |

우리가 살아가야 할 지구, 이 지구를 지키기 위해 우리는 생활 속에서 항상 환경을 지키려는 노력을 해야 합니다. 계곡에서 찾을 수 있는 환경지킴이가 아닌 사람을 찾아 ○표 하세요.

# 2장

# 소수의 나눗셈(1)
## 자연수로 나누기

공부 계획

# 11 일차

## 끈 93.6 cm를 세 도막으로 똑같이 나누면 한 도막의 길이는 몇 cm일까요?

1 cm＝10 mm이므로 93.6 cm＝936 mm입니다.

936÷3＝312이므로 나눈 한 도막의 길이는 312 mm＝31.2 cm입니다.

$$936 \div 3 = \boxed{312}$$

$\dfrac{1}{10}$배 $\qquad\qquad$ $\dfrac{1}{10}$배

$$93.6 \div 3 = \boxed{31.2}$$

> 어떤 수를 $\dfrac{1}{10}$배 하면 소수점이 왼쪽으로 한 칸 이동해.

나누는 수가 같고 나누어지는 수가 $\dfrac{1}{10}$배가 되면 몫도 $\dfrac{1}{10}$배가 됩니다.

---

**개념 확인**

**1** ☐ 안에 알맞은 수를 써넣으세요.

(1)
$$48 \div 2 = 24$$
$\dfrac{1}{10}$배 $\qquad$ $\dfrac{1}{10}$배
$$4.8 \div 2 = \boxed{\phantom{00}}$$

(2)
$$366 \div 3 = \boxed{\phantom{00}}$$
$\dfrac{1}{10}$배 $\qquad$ $\dfrac{1}{10}$배
$$36.6 \div 3 = \boxed{\phantom{00}}$$

(3)
$$848 \div 4 = \boxed{\phantom{00}}$$
$\dfrac{1}{10}$배 $\qquad$ $\dfrac{1}{10}$배
$$84.8 \div 4 = \boxed{\phantom{00}}$$

(4)
$$693 \div 3 = \boxed{\phantom{00}}$$
$\dfrac{1}{10}$배 $\qquad$ $\dfrac{1}{10}$배
$$69.3 \div 3 = \boxed{\phantom{00}}$$

(5)
$$939 \div 3 = \boxed{\phantom{00}}$$
$\dfrac{1}{10}$배 $\qquad$ $\dfrac{1}{\boxed{\phantom{0}}}$배
$$93.9 \div 3 = \boxed{\phantom{00}}$$

(6)
$$684 \div 2 = \boxed{\phantom{00}}$$
$\dfrac{1}{10}$배 $\qquad$ $\dfrac{1}{\boxed{\phantom{0}}}$배
$$68.4 \div 2 = \boxed{\phantom{00}}$$

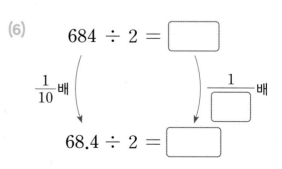

## 끈 2.64 m를 두 도막으로 똑같이 나누면 한 도막의 길이는 몇 m일까요?

1 m＝100 cm이므로 2.64 m＝264 cm입니다.
264÷2＝132이므로 나눈 한 도막의 길이는 132 cm＝1.32 m입니다.

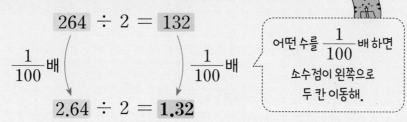

$$264 \div 2 = 132$$

$\dfrac{1}{100}$배

$\dfrac{1}{100}$배

$$2.64 \div 2 = \mathbf{1.32}$$

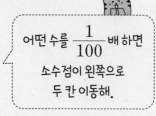

어떤 수를 $\dfrac{1}{100}$배 하면 소수점이 왼쪽으로 두 칸 이동해.

스마트 학습

> 나누는 수가 같고 나누어지는 수가 $\dfrac{1}{100}$배가 되면 몫도 $\dfrac{1}{100}$배가 됩니다.

---

**개념 확인**

**2** ☐ 안에 알맞은 수를 써넣으세요.

(1)
$$396 \div 3 = 132$$
$\dfrac{1}{100}$배
$\dfrac{1}{100}$배
$$3.96 \div 3 = \boxed{\phantom{000}}$$

(2)
$$844 \div 4 = \boxed{\phantom{000}}$$
$\dfrac{1}{100}$배
$\dfrac{1}{100}$배
$$8.44 \div 4 = \boxed{\phantom{000}}$$

(3)
$$624 \div 2 = \boxed{\phantom{000}}$$
$\dfrac{1}{100}$배
$\dfrac{1}{100}$배
$$6.24 \div 2 = \boxed{\phantom{000}}$$

(4)
$$933 \div 3 = \boxed{\phantom{000}}$$
$\dfrac{1}{100}$배
$\dfrac{1}{100}$배
$$9.33 \div 3 = \boxed{\phantom{000}}$$

(5)
$$696 \div 3 = \boxed{\phantom{000}}$$
$\dfrac{1}{100}$배
$\dfrac{1}{\boxed{\phantom{0}}}$배
$$6.96 \div 3 = \boxed{\phantom{000}}$$

(6)
$$428 \div 2 = \boxed{\phantom{000}}$$
$\dfrac{1}{100}$배
$\dfrac{1}{\boxed{\phantom{0}}}$배
$$4.28 \div 2 = \boxed{\phantom{000}}$$

**1** ☐ 안에 알맞은 수를 써넣으세요.

(1)
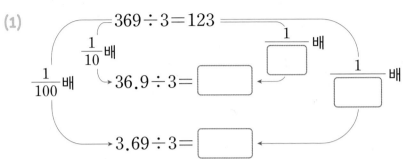

(2)
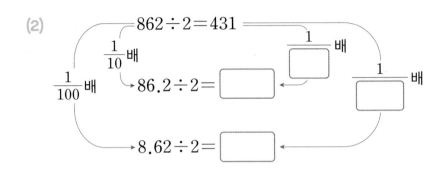

**2** 자연수의 나눗셈을 이용하여 알맞은 곳에 소수점을 찍어 보세요.

(1) $488 \div 2 = 244$

$48.8 \div 2 = 2 \bigcirc 4 \bigcirc 4$

$4.88 \div 2 = 2 \bigcirc 4 \bigcirc 4$

(2) $696 \div 3 = 232$

$69.6 \div 3 = 2 \bigcirc 3 \bigcirc 2$

$6.96 \div 3 = 2 \bigcirc 3 \bigcirc 2$

**3** 자연수의 나눗셈을 이용하여 ☐ 안에 알맞은 수를 써넣으세요.

(1)
$628 \div 2 = 314$

$62.8 \div 2 = \boxed{\phantom{000}}$

$6.28 \div 2 = \boxed{\phantom{000}}$

(2)
$633 \div 3 = 211$

$63.3 \div 3 = \boxed{\phantom{000}}$

$6.33 \div 3 = \boxed{\phantom{000}}$

끈 28.8 cm를 2사람이 똑같이 나누어 가지려고 합니다. 한 사람이 가질 수 있는 끈은 몇 cm인지 알아보세요.

1 cm＝10 mm이므로 28.8 cm＝ ☐ mm입니다.

☐ ÷2＝ ☐

한 사람이 가질 수 있는 끈은 ☐ mm이므로 ☐ cm입니다.

자연수의 나눗셈을 계산하고 이를 이용해서 소수의 나눗셈을 해 봐.

**5** 다음 식을 계산해 보세요.

(1) $486 \div 2$

$48.6 \div 2$

$4.86 \div 2$

(2) $884 \div 4$

$88.4 \div 4$

$8.84 \div 4$

(3) $363 \div 3$

$36.3 \div 3$

$3.63 \div 3$

(4) $662 \div 2$

$66.2 \div 2$

$6.62 \div 2$

**6** 준석이는 리본 996 cm를 3도막으로 똑같이 나누었습니다. 같은 방법으로 민규는 리본 9.96 m를 3도막으로 똑같이 나눌 때 민규가 나눈 한 도막은 몇 m인지 구해 보세요.

준석 ─ 996 cm ─
332 cm

민규 ─ 9.96 m ─
☐ m

식

답 _____ m

# 13.6÷8은 얼마인지 알아볼까요?

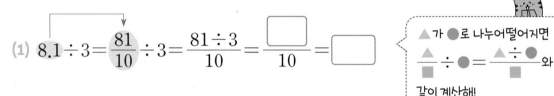

방법 **1** 분수의 나눗셈으로 바꾸어 계산하기

분자를 자연수로 나누기

$$13.6 \div 8 = \frac{136}{10} \div 8 = \frac{136 \div 8}{10} = \frac{17}{10} = \mathbf{1.7}$$

소수를 분수로 바꾸기　　　　　분수를 소수로 바꾸기

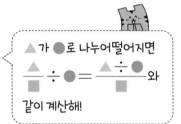

참고 자연수의 나눗셈을 이용하여 계산하기
$$136 \div 8 = 17 \rightarrow 13.6 \div 8 = 1.7$$

개념 확인

**1** ☐ 안에 알맞은 수를 써넣으세요.

(1) $8.1 \div 3 = \frac{81}{10} \div 3 = \frac{81 \div 3}{10} = \frac{\boxed{\phantom{0}}}{10} = \boxed{\phantom{0}}$

▲가 ●로 나누어떨어지면
$\dfrac{▲}{■} \div ● = \dfrac{▲ \div ●}{■}$ 와
같이 계산해!

(2) $21.5 \div 5 = \frac{215}{10} \div 5 = \frac{\boxed{\phantom{0}} \div 5}{10} = \frac{\boxed{\phantom{0}}}{10} = \boxed{\phantom{0}}$

(3) $9.6 \div 2 = \frac{\boxed{\phantom{0}}}{10} \div 2 = \frac{\boxed{\phantom{0}} \div 2}{10} = \frac{\boxed{\phantom{0}}}{10} = \boxed{\phantom{0}}$

(4) $33.2 \div 4 = \frac{\boxed{\phantom{0}}}{10} \div 4 = \frac{\boxed{\phantom{0}} \div 4}{10} = \frac{\boxed{\phantom{0}}}{10} = \boxed{\phantom{0}}$

(5) $25.6 \div 8 = \frac{\boxed{\phantom{0}}}{10} \div 8 = \frac{\boxed{\phantom{0}} \div \boxed{\phantom{0}}}{10} = \frac{\boxed{\phantom{0}}}{10} = \boxed{\phantom{0}}$

(6) $65.8 \div 7 = \frac{\boxed{\phantom{0}}}{10} \div 7 = \frac{\boxed{\phantom{0}} \div \boxed{\phantom{0}}}{10} = \frac{\boxed{\phantom{0}}}{10} = \boxed{\phantom{0}}$

**방법 ②** 자연수의 나눗셈을 이용하여 세로로 계산하기

```
❶        1 7          ❷        1.7
   8 ) 1 3 6             8 ) 1 3.6
         8                       8
         5 6                     5 6
         5 6                     5 6
             0                       0
```

❶ 자연수의 나눗셈과 같은 방법으로 계산합니다.

❷ 몫의 소수점은 나누어지는 수의 소수점을 올려 찍습니다.

**개념 확인**

**2** □ 안에 알맞은 수를 써넣으세요.

(1)
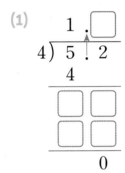

(2)
```
              5.□
   6 ) 3 2.4
       3 0
       □ □
       □ □
           0
```

(3)
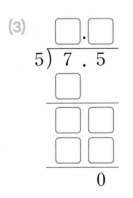

(4)
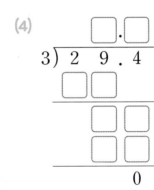

(5)
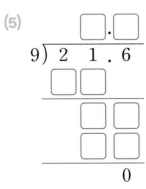

(6)
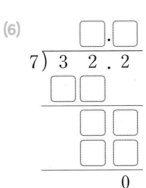

**1** 계산해 보세요.

(1)

$3 \overline{)5.4}$

(2) $15.6 \div 6$

(3)

$4 \overline{)9.2}$

(4) $32.5 \div 5$

(5)

$7 \overline{)5 \ 1.8}$

(6) $19.6 \div 2$

**2** 보기와 같이 분수의 나눗셈으로 바꾸어 계산하세요.

보기

$$9.2 \div 2 = \frac{92}{10} \div 2 = \frac{92 \div 2}{10} = \frac{46}{10} = 4.6$$

(1) $8.7 \div 3$

(2) $38.4 \div 8$

**3** 빈 곳에 알맞은 수를 써넣으세요.

(1)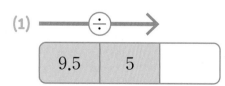

| 9.5 | 5 | |

(2)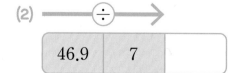

| 46.9 | 7 | |

**4** 소수를 자연수로 나눈 몫을 구해 보세요.

(1)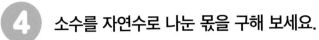

7.2     2

(          )

(2)

44.4     6

(          )

**5** 계산 결과를 찾아 이어 보세요.

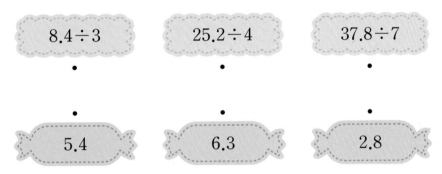

$8.4 \div 3$      $25.2 \div 4$      $37.8 \div 7$

·      ·      ·

·      ·      ·

5.4      6.3      2.8

**6** 크기를 비교하여 ◯ 안에 $>$, $=$, $<$를 알맞게 써넣으세요.

(1) $18.4 \div 4$ ◯ 4.5      (2) $57.6 \div 9$ ◯ 6.5

**7** 수아는 물 14.8 L를 병 4개에 똑같이 나누어 담으려고 합니다. 병 한 개에 담아야 하는 물은 몇 L인가요?

식 _____

답 _____ L

● 몫이 소수 두 자리 수인 경우

# 16.52÷7은 얼마인지 알아볼까요?

스마트 학습

**방법①** 분수의 나눗셈으로 바꾸어 계산하기

분자를 자연수로 나누기

$$16.52 \div 7 = \frac{1652}{100} \div 7 = \frac{1652 \div 7}{100} = \frac{236}{100} = 2.36$$

소수를 분수로 바꾸기 분수를 소수로 바꾸기

**참고** 자연수의 나눗셈을 이용하여 계산하기
$1652 \div 7 = 236 \rightarrow 16.52 \div 7 = 2.36$

**개념 확인**

**1** ☐ 안에 알맞은 수를 써넣으세요.

(1) $3.54 \div 2 = \frac{354}{100} \div 2 = \frac{354 \div 2}{100} = \frac{\boxed{\phantom{0}}}{100} = \boxed{\phantom{0}}$

(2) $4.14 \div 3 = \frac{414}{100} \div 3 = \frac{\boxed{\phantom{0}} \div 3}{100} = \frac{\boxed{\phantom{0}}}{100} = \boxed{\phantom{0}}$

(3) $8.16 \div 6 = \frac{816}{100} \div 6 = \frac{\boxed{\phantom{0}} \div 6}{100} = \frac{\boxed{\phantom{0}}}{100} = \boxed{\phantom{0}}$

(4) $5.68 \div 4 = \frac{\boxed{\phantom{0}}}{100} \div 4 = \frac{\boxed{\phantom{0}} \div 4}{100} = \frac{\boxed{\phantom{0}}}{100} = \boxed{\phantom{0}}$

(5) $12.15 \div 5 = \frac{\boxed{\phantom{0}}}{100} \div 5 = \frac{\boxed{\phantom{0}} \div 5}{100} = \frac{\boxed{\phantom{0}}}{100} = \boxed{\phantom{0}}$

(6) $29.25 \div 9 = \frac{\boxed{\phantom{0}}}{100} \div 9 = \frac{\boxed{\phantom{0}} \div \boxed{\phantom{0}}}{100} = \frac{\boxed{\phantom{0}}}{100} = \boxed{\phantom{0}}$

**방법 2** 자연수의 나눗셈을 이용하여 세로로 계산하기

① 
```
        2 3 6
  7 ) 1 6 5 2
      1 4
        2 5
        2 1
            4 2
            4 2
              0
```

② 
```
        2 . 3 6
  7 ) 1 6 . 5 2
      1 4
        2 5
        2 1
            4 2
            4 2
              0
```

❶ 자연수의 나눗셈과 같은 방법으로 계산합니다.

❷ 몫의 소수점은 나누어지는 수의 소수점을 올려 찍습니다.

**개념 확인**

**2** ☐ 안에 알맞은 수를 써넣으세요.

(1)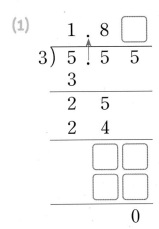

(2)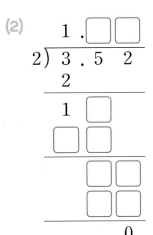

(3)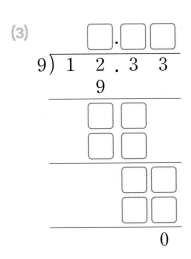

(4)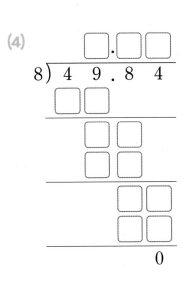

**1** 계산해 보세요.

(1)

$2 \overline{) 3.1\ 4}$

(2) $5.76 \div 4$

(3)

$3 \overline{) 8.6\ 7}$

(4) $25.68 \div 3$

(5)

$8 \overline{) 2\ 5.2\ 8}$

(6) $32.34 \div 7$

**2** 보기 와 같이 분수의 나눗셈으로 바꾸어 계산하세요.

보기

$$9.38 \div 2 = \frac{938}{100} \div 2 = \frac{938 \div 2}{100} = \frac{469}{100} = 4.69$$

(1) $5.72 \div 2$

(2) $16.62 \div 3$

**3** 몫이 2.53인 나눗셈에 ◯표 하세요.

(1)

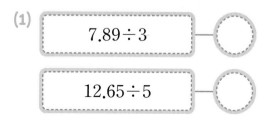

$7.89 \div 3$ ◯

$12.65 \div 5$ ◯

(2)

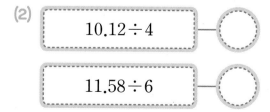

$10.12 \div 4$ ◯

$11.58 \div 6$ ◯

**4** 계산이 잘못된 곳을 찾아 바르게 계산해 보세요.

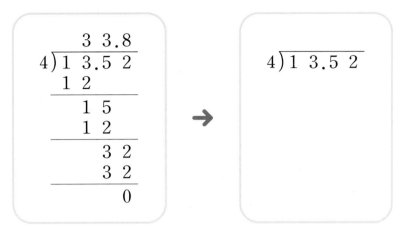

**5** 사다리를 타고 내려가서 도착한 곳에 계산 결과를 써넣으세요.

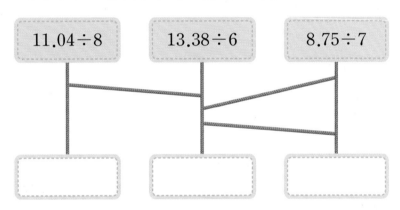

**6** 가장 큰 수를 가장 작은 수로 나눈 몫을 구해 보세요.

(1)
| 9.92 | 4 | 2 |

(           )

(2)
| 3 | 7 | 17.25 |

(           )

**7** 끈 6.65 m를 5명이 똑같이 나누어 가지려고 합니다. 한 명이 가지게 되는 끈은 몇 m 인가요?

식

답 _____ m

하루한장 앱에서
학습 인증하고
하루템을 모으세요!

# 1.88÷4는 얼마인지 알아볼까요?

방법 ①　분수의 나눗셈으로 바꾸어 계산하기

분자를 자연수로 나누기
↓

$$1.88 \div 4 = \frac{188}{100} \div 4 = \frac{188 \div 4}{100} = \frac{47}{100} = \mathbf{0.47}$$

소수를 분수로 바꾸기　　　　　　　　　분수를 소수로 바꾸기

참고　자연수의 나눗셈을 이용하여 계산하기
$188 \div 4 = 47 \rightarrow 1.88 \div 4 = 0.47$

개념 확인

**1**　□ 안에 알맞은 수를 써넣으세요.

(1) $1.35 \div 3 = \frac{135}{100} \div 3 = \frac{135 \div 3}{100} = \frac{\boxed{\phantom{00}}}{100} = \boxed{\phantom{00}}$

(2) $2.72 \div 4 = \frac{272}{100} \div 4 = \frac{\boxed{\phantom{0}} \div 4}{100} = \frac{\boxed{\phantom{0}}}{100} = \boxed{\phantom{00}}$

(3) $2.22 \div 6 = \frac{222}{100} \div 6 = \frac{\boxed{\phantom{0}} \div 6}{100} = \frac{\boxed{\phantom{0}}}{100} = \boxed{\phantom{00}}$

(4) $5.76 \div 8 = \frac{\boxed{\phantom{0}}}{100} \div 8 = \frac{\boxed{\phantom{0}} \div 8}{100} = \frac{\boxed{\phantom{0}}}{100} = \boxed{\phantom{00}}$

(5) $2.25 \div 9 = \frac{\boxed{\phantom{0}}}{100} \div 9 = \frac{\boxed{\phantom{0}} \div \boxed{\phantom{0}}}{100} = \frac{\boxed{\phantom{0}}}{100} = \boxed{\phantom{00}}$

(6) $6.02 \div 7 = \frac{\boxed{\phantom{0}}}{100} \div 7 = \frac{\boxed{\phantom{0}} \div \boxed{\phantom{0}}}{100} = \frac{\boxed{\phantom{0}}}{100} = \boxed{\phantom{00}}$

자연수의 나눗셈을 이용하여 세로로 계산하기

① 
```
        4   7
  4 ) 1  8   8
      1  6
         2   8
         2   8
             0
```

② 
```
      0 . 4   7
  4 ) 1 . 8   8
      1   6
          2   8
          2   8
              0
```

● 자연수의 나눗셈과 같은
  방법으로 계산합니다.
② 몫의 소수점은 나누어지는
  수의 소수점을 올려 찍고,
  자연수 부분이 비어 있으면
  일의 자리에 0을 씁니다.

> 나누어지는 수가 나누는 수보다 작으면 몫이 1보다 작아져.
> 몫이 1보다 작으면 자연수 자리에 0을 써.

**개념 확인**

**2** ☐ 안에 알맞은 수를 써넣으세요.

(1)
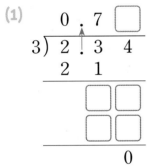
```
        0 . 7 ☐
  3 ) 2 . 3  4
      2   1
          ☐ ☐
          ☐ ☐
              0
```

(2)
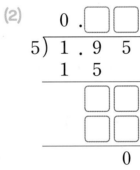
```
        0 . ☐ ☐
  5 ) 1 . 9  5
      1   5
          ☐ ☐
          ☐ ☐
              0
```

(3)
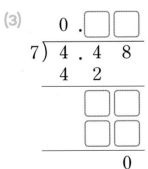
```
        0 . ☐ ☐
  7 ) 4 . 4  8
      4   2
          ☐ ☐
          ☐ ☐
              0
```

(4)
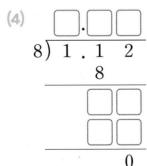
```
        ☐ . ☐ ☐
  8 ) 1 . 1  2
          8
          ☐ ☐
          ☐ ☐
              0
```

(5)
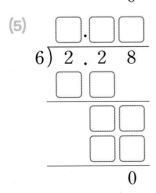
```
        ☐ . ☐ ☐
  6 ) 2 . 2  8
      ☐ ☐
          ☐ ☐
          ☐ ☐
              0
```

(6)
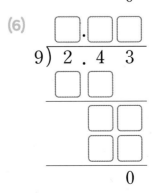
```
        ☐ . ☐ ☐
  9 ) 2 . 4  3
      ☐ ☐
          ☐ ☐
          ☐ ☐
              0
```

**1** 계산해 보세요.

(1)

$$4\overline{)1.4\ 4}$$

(2) $1.66 \div 2$

(3)

$$5\overline{)2.6\ 5}$$

(4) $3.15 \div 7$

(5)

$$6\overline{)4.4\ 4}$$

(6) $8.82 \div 9$

**2** 보기와 같이 분수의 나눗셈으로 바꾸어 계산하세요.

> 보기
>
> $$1.95 \div 3 = \frac{195}{100} \div 3 = \frac{195 \div 3}{100} = \frac{65}{100} = 0.65$$

(1) $3.64 \div 4$

(2) $2.66 \div 7$

**3** 계산 결과를 찾아 색칠해 보세요.

(1) $1.62 \div 6$

0.27     0.37

(2) $7.04 \div 8$

0.86     0.88

**4** 바르게 계산한 사람의 이름을 써 보세요.

$$
\begin{array}{r}
0.6\ 5 \\
5\overline{)\ 3.2\ 5} \\
3\ 0\quad\ \\
\hline
2\ 5 \\
2\ 5 \\
\hline
0
\end{array}
$$

지호

$$
\begin{array}{r}
4.8 \\
6\overline{)\ 2.8\ 8} \\
2\ 4\quad\ \\
\hline
4\ 8 \\
4\ 8 \\
\hline
0
\end{array}
$$

연우

(           )

**5** 몫이 1보다 작은 것을 모두 찾아 기호를 써 보세요.

> ㉠ $4.41 \div 7$      ㉡ $7.92 \div 6$
>
> ㉢ $4.98 \div 3$      ㉣ $3.68 \div 4$

(           )

 **6** ♥에 알맞은 수를 구해 보세요.

곱셈을 거꾸로 생각하면 나눗셈이지!

$$♥ \times 9 = 4.23$$

(           )

**7** 당근 2.25 kg을 토끼 3마리에게 똑같이 나누어 주려고 합니다. 토끼 한 마리에게 주어야 하는 당근은 몇 kg인가요?

_____

                    kg

14일차

하루한장 앱에서 학습 인증하고 하루템을 모으세요!

소수점 아래 0을 내려 계산해야 하는 (소수)÷(자연수)

# 41.9÷5는 얼마인지 알아볼까요?

**방법 ①** 분수의 나눗셈으로 바꾸어 계산하기

소수를 분수로 바꾸기      분수를 소수로 바꾸기

$$41.9 \div 5 = \frac{4190}{100} \div 5 = \frac{4190 \div 5}{100} = \frac{838}{100} = 8.38$$

41.9를 $\frac{419}{10}$로 바꾸면

419÷5가 자연수로

나누어떨어지지 않으므로

분모가 100인 분수로 나타냅니다.

자연수의 나눗셈을 이용하여 계산할 수도 있어.

$$4190 \div 5 = 838$$

$\frac{1}{100}$배            $\frac{1}{100}$배

$$41.9 \div 5 = 8.38$$

**개념 확인**

**1** ☐ 안에 알맞은 수를 써넣으세요.

(1) $2.6 \div 5 = \dfrac{260}{100} \div 5 = \dfrac{260 \div 5}{100} = \dfrac{\boxed{\phantom{00}}}{100} = \boxed{\phantom{00}}$

(2) $5.3 \div 2 = \dfrac{530}{100} \div 2 = \dfrac{\boxed{\phantom{00}} \div 2}{100} = \dfrac{\boxed{\phantom{00}}}{100} = \boxed{\phantom{00}}$

(3) $8.7 \div 6 = \dfrac{870}{100} \div 6 = \dfrac{\boxed{\phantom{00}} \div 6}{100} = \dfrac{\boxed{\phantom{00}}}{100} = \boxed{\phantom{00}}$

(4) $18.1 \div 5 = \dfrac{\boxed{\phantom{00}}}{100} \div 5 = \dfrac{\boxed{\phantom{00}} \div 5}{100} = \dfrac{\boxed{\phantom{00}}}{100} = \boxed{\phantom{00}}$

(5) $23.6 \div 8 = \dfrac{\boxed{\phantom{00}}}{100} \div 8 = \dfrac{\boxed{\phantom{00}} \div 8}{100} = \dfrac{\boxed{\phantom{00}}}{100} = \boxed{\phantom{00}}$

(6) $32.7 \div 15 = \dfrac{\boxed{\phantom{00}}}{100} \div 15 = \dfrac{\boxed{\phantom{00}} \div \boxed{\phantom{0}}}{100} = \dfrac{\boxed{\phantom{00}}}{100} = \boxed{\phantom{00}}$

## 방법 ② 세로로 계산하기

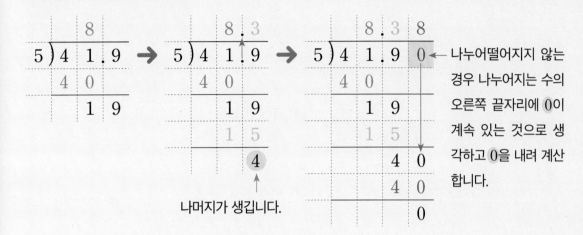

나누어떨어지지 않는 경우 나누어지는 수의 오른쪽 끝자리에 0이 계속 있는 것으로 생각하고 0을 내려 계산합니다.

나머지가 생깁니다.

---

**개념 확인**

**2** ☐ 안에 알맞은 수를 써넣으세요.

(1)

(2)
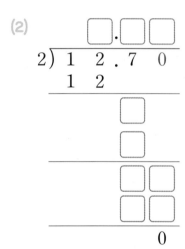

(3)
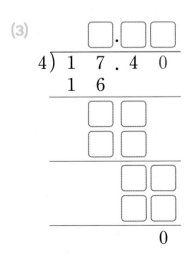

(4)
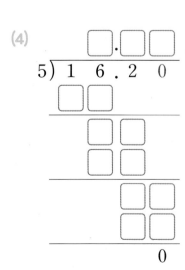

**1** 나머지가 0이 될 때까지 계산해 보세요.

(1)
$$2\overline{)7.9}$$

(2) $13.5 \div 6$

(3)
$$8\overline{)5.2}$$

(4) $15.7 \div 5$

(5)
$$5\overline{)8.8}$$

(6) $5.4 \div 12$

**2** 빈 곳에 알맞은 수를 써넣으세요.

(1)
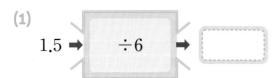
$1.5 \rightarrow \boxed{\div 6} \rightarrow$

(2)
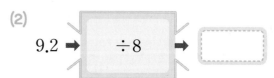
$9.2 \rightarrow \boxed{\div 8} \rightarrow$

(3)

| 11.7 | ÷5 | |
|------|-----|---|

(4)

| 20.1 | ÷6 | |
|------|-----|---|

**3** 설명하는 수를 구해 보세요.

(1)
6.8을 8로 나눈 몫

(2)
9.3을 5로 나눈 몫

(      )

(      )

**4** 소수점 아래 0을 내려 계산해야 하는 사람의 이름을 써 보세요.

성훈

$37.2 \div 4$

$31.8 \div 15$
지연

(                         )

**5** 계산 결과를 찾아 이어 보세요.

$18.4 \div 16$  •

$28.5 \div 25$  •

•  $1.14$

•  $1.15$

**6** 몫이 큰 것부터 차례로 ○ 안에 1, 2, 3을 써넣으세요.

○            ○            ○

$6 \overline{)1\,2.9}$      $4 \overline{)9.4}$      $5 \overline{)1\,4.6}$

**7** 무게가 같은 멜론 5개의 무게를 재었더니 $7.2 \, \mathrm{kg}$이었습니다. 멜론 한 개의 무게는 몇 $\mathrm{kg}$인가요?

 식 _____

 답 _____ $\mathrm{kg}$

# 16 일차

## 9.12÷3은 얼마인지 알아볼까요?

**방법 ①** 분수의 나눗셈으로 바꾸어 계산하기

소수를 분수로 바꾸기     분수를 소수로 바꾸기

$$9.12 \div 3 = \frac{912}{100} \div 3 = \frac{912 \div 3}{100} = \frac{304}{100} = 3.04$$

**방법 ②** 자연수의 나눗셈을 이용하여 세로로 계산하기

❶
```
      3 0 4
  3 ) 9 1 2
      9
      1 2
      1 2
          0
```

❷
```
      3. 0 4
  3 ) 9.1 2
      9
      1 2
      1 2
          0
```

내림한 수 1이 3보다 작아서 나눌 수 없으므로 몫에 0을 쓰고 수를 하나 더 내려 계산합니다.

❶ 자연수의 나눗셈과 같은 방법으로 계산합니다.

❷ 몫의 소수점은 나누어지는 수의 소수점을 올려 찍습니다.

**개념 확인**

**1** ☐ 안에 알맞은 수를 써넣으세요.

(1) $5.35 \div 5 = \frac{535}{100} \div 5 = \frac{535 \div 5}{100} = \frac{\boxed{\phantom{0}}}{100} = \boxed{\phantom{0}}$

(2) $8.64 \div 8 = \frac{864}{100} \div \boxed{\phantom{0}} = \frac{\boxed{\phantom{0}} \div 8}{100} = \frac{\boxed{\phantom{0}}}{100} = \boxed{\phantom{0}}$

(3)
```
      2. 0 ☐
  5 ) 1 0.4 5
      1 0
          4 5
        ☐ ☐
            0
```

(4)
```
      3. ☐ ☐
  3 ) 9.2 1
      9
        ☐ ☐
        ☐ ☐
            0
```

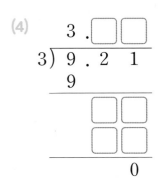

# 12.2÷4는 얼마인지 알아볼까요?

방법 ① 분수의 나눗셈으로 바꾸어 계산하기

소수를 분수로 바꾸기　　　　　　　　　　　　　　분수를 소수로 바꾸기

$$12.2 \div 4 = \frac{122}{10} \div 4 = \frac{1220}{100} \div 4 = \frac{1220 \div 4}{100} = \frac{305}{100} = 3.05$$

스마트 학습

122÷4가 자연수로 나누어떨어지지 않으므로
분모가 100인 분수로 나타냅니다.

방법 ② 세로로 계산하기

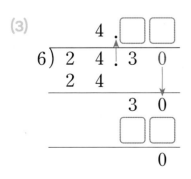

2÷4와 같이 수를 하나 내렸는데
도 나누어지는 수가 나누는 수보다
작을 경우 몫에 0을 쓰고 수를 하나
더 내려 씁니다. 이때 수가 없으면
0을 내려 씁니다.

4보다 작습니다.

---

## 개념 확인

**2** ☐ 안에 알맞은 수를 써넣으세요.

(1) $25.2 \div 5 = \dfrac{2520}{100} \div 5 = \dfrac{\boxed{\phantom{00}} \div 5}{100} = \dfrac{\boxed{\phantom{00}}}{100} = \boxed{\phantom{00}}$

(2) $42.3 \div 6 = \dfrac{4230}{100} \div \boxed{\phantom{0}} = \dfrac{\boxed{\phantom{00}} \div 6}{100} = \dfrac{\boxed{\phantom{00}}}{100} = \boxed{\phantom{00}}$

(3)

```
        4 . □ □
  6 ) 2 4 . 3 0
      2 4
          3 0
          □ □
            0
```

(4)

```
        □ . □ □
  8 ) 4 8 . 4 0
    □ □
        □ □
        □ □
          0
```

**1** 계산해 보세요.

(1)
$$2\overline{)8.1\ 4}$$

(2) $6.24 \div 6$

(3)
$$3\overline{)6.2\ 7}$$

(4) $84.21 \div 7$

(5)
$$8\overline{)2\ 4.4}$$

(6) $10.4 \div 5$

**2** 빈 곳에 알맞은 수를 써넣으세요.

(1)
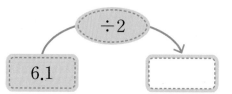

(2)
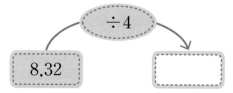

(3)

| 15.21 | ÷3 | |
|---|---|---|

(4)
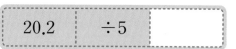

**3** 빈 곳에 소수를 자연수로 나눈 몫을 써넣으세요.

(1)
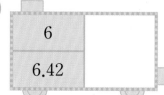

(2)
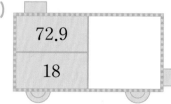

**4** 계산이 잘못된 곳을 찾아 바르게 계산해 보세요.

$$8.1 \div 2 = \frac{810}{10} \div 2 = \frac{810 \div 2}{10} = \frac{405}{10} = 40.5$$

$8.1 \div 2$ _____

**5** 몫의 소수 첫째 자리에 0이 있는 것을 모두 찾아 ○표 하세요.

(      )      (      )      (      )

**6** 계산 결과가 더 큰 것을 말한 사람의 이름을 써 보세요.

$35.2 \div 5$ 승재      $28.2 \div 4$ 미연

(               )

**7** 3분 동안 3.15 km를 달리는 자동차가 있습니다. 이 자동차가 같은 빠르기로 1분 동안 달릴 수 있는 거리는 몇 km인가요?

식 _____

답 _____ km

하루한장 앱에서
학습 인증하고
하루템을 모으세요!

# 9÷4는 얼마인지 알아볼까요?

방법 ① 분수로 바꾸어 계산하기

스마트 학습

$$\underset{\text{분모가 } 10, 100, 1000인}{\underset{\text{분수로 나타내기}}{9 \div 4 = \overset{\text{몫을 분수로 나타내기}}{\frac{9}{4}} = \frac{9 \times 25}{4 \times 25} = \overset{\text{분수를 소수로 바꾸기}}{\frac{225}{100}} = 2.25}}$$

참고 (자연수)÷(자연수)를 분수로 바꾸어 계산할 때 몫을 소수로 나타내려면 분모가 10, 100, 1000인 분수로 나타내야 합니다.

개념 확인

**1** □ 안에 알맞은 수를 써넣으세요.

(1) $5 \div 2 = \frac{5}{2} = \overset{5 \times 5}{\frac{\boxed{\phantom{00}}}{10}}_{2 \times 5} = \boxed{\phantom{00}}$

(2) $7 \div 4 = \frac{\boxed{\phantom{0}}}{4} = \frac{\boxed{\phantom{0}}}{100} = \boxed{\phantom{00}}$

(3) $12 \div 20 = \frac{\boxed{\phantom{0}}}{20} = \frac{\boxed{\phantom{0}}}{100} = \boxed{\phantom{00}}$

(4) $3 \div 8 = \frac{\boxed{\phantom{0}}}{8} = \frac{\boxed{\phantom{0}}}{1000} = \boxed{\phantom{00}}$

(5) $11 \div 25 = \frac{\boxed{\phantom{0}}}{\boxed{\phantom{0}}} = \frac{\boxed{\phantom{0}}}{100} = \boxed{\phantom{00}}$

(6) $15 \div 8 = \frac{\boxed{\phantom{0}}}{\boxed{\phantom{0}}} = \frac{\boxed{\phantom{0}}}{1000} = \boxed{\phantom{00}}$

**방법 ②** 900÷4를 이용하여 계산하기

몫의 소수점은 자연수 바로 뒤에서 올려 찍어.

$$900 \div 4 = 225$$

$\frac{1}{100}$배 $\Bigg($ $\Bigg)$ $\frac{1}{100}$배

$$9 \div 4 = 2.25$$

```
    2 2 5
4 ) 9 0 0
    8
    1 0
      8
      2 0
      2 0
        0
```
→
```
    2.2 5
4 ) 9.0 0
    8
    1 0
      8
      2 0
      2 0
        0
```

**참고** 9와 9.00은 같습니다.

**개념 확인**

**2** ☐ 안에 알맞은 수를 써넣으세요.

(1)
$$70 \div 2 = 35$$

$\frac{1}{10}$배 $\Bigg($ $\Bigg)$ $\frac{1}{10}$배

$$7 \div 2 = \boxed{\phantom{0}}$$

(2)
$$1300 \div 4 = \boxed{\phantom{0}}$$

$\frac{1}{100}$배 $\Bigg($ $\Bigg)$ $\frac{1}{100}$배

$$13 \div 4 = \boxed{\phantom{0}}$$

(3)
```
        8 . ☐ ☐
4 ) 3   5 . 0   0
    3   2
        ☐ ☐
        ☐ ☐
          ☐ ☐
          ☐ ☐
              0
```

(4)
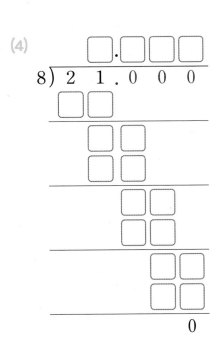
```
      ☐ . ☐ ☐ ☐
8 ) 2   1 . 0   0   0
    ☐ ☐
      ☐ ☐
      ☐ ☐
        ☐ ☐
        ☐ ☐
          ☐ ☐
          ☐ ☐
              0
```

**1** 계산을 하여 나눗셈의 몫을 소수로 나타내어 보세요.

(1)

$$5 \overline{)7}$$

(2) $11 \div 4$

(3)

$$8 \overline{)2\ 8}$$

(4) $9 \div 2$

(5)

$$12 \overline{)3}$$

(6) $18 \div 20$

**2** 보기 와 같이 분수로 바꾸어 계산하세요.

보기

$$78 \div 25 = \frac{78}{25} = \frac{78 \times 4}{25 \times 4} = \frac{312}{100} = 3.12$$

(1) $6 \div 5$

(2) $5 \div 8$

**3** 몫이 $2.25$인 나눗셈에 ○표 하세요.

(1) $12 \div 5$    $18 \div 8$    (2) $45 \div 20$    $5 \div 2$

**4** 자연수의 나눗셈을 이용하여 ☐ 안에 알맞은 수를 써넣으세요.

(1) $40 \div 8 = 5$

→ $4 \div 8 = $ ☐

(2) $500 \div 4 = 125$

→ $5 \div 4 = $ ☐

**5** 크기를 비교하여 ◯ 안에 $>$, $=$, $<$를 알맞게 써넣으세요.

(1) $8 \div 5$ ◯ $1.5$

(2) $37 \div 4$ ◯ $9.5$

**6** 나눗셈의 몫을 아래 표에서 찾아 번호 순서대로 글자를 써 보세요.

① $8 \overline{)4\ 6}$　　② $16 \overline{)8\ 8}$　　③ $12 \overline{)9}$

| 0.75 | 5.75 | 5.5 |
|------|------|-----|
| 문 | 등 | 용 |

완성한 단어는 용문에 오른다는 뜻으로 어려운 관문을 통과해서 크게 출세한다는 뜻이야.

| ① | ② | ③ |
|---|---|---|
|   |   |   |

**7** 소금 한 봉지의 무게는 $10\ kg$이고 설탕 한 봉지의 무게는 $4\ kg$입니다. 소금 한 봉지의 무게는 설탕 한 봉지의 무게의 몇 배인가요?

 식

답 　　　　　　　　 배

# 11.7÷3의 계산 결과를 어림하여 알아볼까요?

11.7을 반올림하여 일의 자리까지 나타내면 12입니다.

11.7÷3을 어림한 식으로 나타내면 12÷3입니다.

12÷3=4이므로 11.7÷3의 몫은 약 4라고 어림할 수 있습니다.

→ 반올림, 올림, 버림 등의 어림하기 방법을 이용하여 나눗셈의 결과를 어림할 수 있습니다.

참고 11.7÷3의 계산 결과 어림하기

$$3 \times 3 = 9$$
$$3 \times 4 = 12$$

→ 11.7은 9보다 크고 12보다 작으므로 11.7÷3의 몫은 3보다 크고 4보다 작습니다.

개념 확인

**1** 주어진 나눗셈의 몫을 어림하려고 합니다. ☐ 안에 알맞은 수를 써넣으세요.

(1) 39.6÷8

39.6을 반올림하여 일의 자리까지 나타내어 어림한 식으로 나타내면 ☐÷8입니다.

→ 몫을 약 ☐라고 어림할 수 있습니다.

(2) 44.5÷5

44.5를 반올림하여 일의 자리까지 나타내어 어림한 식으로 나타내면 ☐÷5입니다.

→ 몫을 약 ☐라고 어림할 수 있습니다.

(3) 15.92÷4

15.92를 반올림하여 일의 자리까지 나타내어 어림한 식으로 나타내면 ☐÷4입니다.

→ 몫을 약 ☐라고 어림할 수 있습니다.

(4) 21.42÷7

21.42를 반올림하여 일의 자리까지 나타내어 어림한 식으로 나타내면 ☐÷7입니다.

→ 몫을 약 ☐이라고 어림할 수 있습니다.

# 어림셈을 하여 11.7÷3의 몫의 소수점 위치를 찾아볼까요?

❶ 자연수의 나눗셈 계산하기 → 117÷3=39

❷ 몫 어림하기 → 11.7÷3의 몫은 약 12÷3=4라고 어림할 수 있습니다.
   소수를 반올림하여 간단한 자연수로 나타내기

❸ 몫의 소수점 위치 찾기
   → 39, 3.9, 0.39, … 중 4라고 어림할 수 있는 수는 3.9입니다.
   → 11.7÷3=3.9

스마트 학습

➜ 소수를 반올림하여 자연수로 나타내어 계산한 후 어림한 결과와 계산한 결과
   의 크기를 비교하여 몫의 소수점 위치를 찾을 수 있습니다.

개념 확인
**2** 어림셈하여 몫의 소수점 위치를 찾아 소수점을 찍어 보세요.

(1) 24.4÷2

　　어림 24÷2 ➜ 약 12

　　몫 1◯2◯2

(2) 59.52÷12

　　어림 60÷12 ➜ 약 ▢

　　몫 4◯9◯6

(3) 48.32÷8

　　어림 48÷8 ➜ 약 ▢

　　몫 6◯0◯4

(4) 47.8÷4

　　어림 48÷4 ➜ 약 ▢

　　몫 1◯1◯9◯5

(5) 11.58÷6

　　어림 12÷6 ➜ 약 ▢

　　몫 1◯9◯3

(6) 69.6÷5

　　어림 70÷5 ➜ 약 ▢

　　몫 1◯3◯9◯2

**1** 보기와 같이 소수 첫째 자리에서 반올림하여 어림한 식으로 나타내어 보세요.

> 보기
>
> $13.64 \div 2 \rightarrow 14 \div 2$

(1) $19.5 \div 5$

→ (                    )

(2) $8.12 \div 4$

→ (                    )

(3) $62.86 \div 7$

→ (                    )

(4) $31.6 \div 8$

→ (                    )

**2** 어림셈하여 ☐ 안에 알맞은 수를 써넣고, 몫을 어림하여 올바른 식에 ◯표 하세요.

(1)

$20.7 \div 3$

어림 $21 \div 3 \rightarrow$ 약 ☐

↓

$20.7 \div 3 = 6.9$

$20.7 \div 3 = 0.69$

(2)

$3.72 \div 4$

어림 $4 \div 4 \rightarrow$ 약 ☐

↓

$3.72 \div 4 = 9.3$

$3.72 \div 4 = 0.93$

**3** 어림셈을 이용하여 올바른 식을 찾아 색칠해 보세요.

$32.12 \div 4$를 어림하여 계산하면

$32 \div 4 = 8$입니다.

$32.12 \div 4 = 8.03$

$32.12 \div 4 = 80.3$

**4** 어림셈하여 몫의 소수점 위치를 찾아 소수점을 찍어 보세요.

**(1)** $39.84 \div 8$

몫 $4 \square 9 \square 8$

**(2)** $27.8 \div 2$

몫 $1 \square 3 \square 9$

 **5** 몫을 어림하여 올바른 식을 찾아 기호를 써 보세요.

**(1)**

㉠ $5.91 \div 3 = 197$

㉡ $5.91 \div 3 = 19.7$

㉢ $5.91 \div 3 = 1.97$

㉣ $5.91 \div 3 = 0.197$

(       )

**(2)**

㉠ $8.64 \div 9 = 960$

㉡ $8.64 \div 9 = 96$

㉢ $8.64 \div 9 = 9.6$

㉣ $8.64 \div 9 = 0.96$

(       )

**6** 몫을 어림하여 몫이 1보다 큰 나눗셈을 모두 찾아 ○표 하세요.

$6.54 \div 6$     $4.5 \div 5$     $6.86 \div 7$     $18.4 \div 8$

**7** $16.2 \div 15$를 올바르게 설명한 사람의 이름을 써 보세요.

몫이 1보다 커.

어림으로는 나눗셈의 몫이 1보다 큰지 작은지 알 수 없어.

소윤

민준

(       )

# 마무리 하기

**1** ☐ 안에 알맞은 수를 써넣으세요.

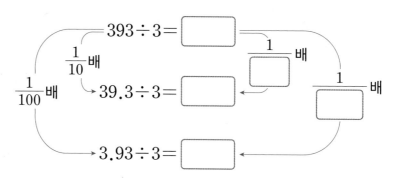

**2** 보기와 같이 계산해 보세요.

보기

$$29.2 \div 4 = \frac{292}{10} \div 4 = \frac{292 \div 4}{10} = \frac{73}{10} = 7.3$$

$16.2 \div 6$

_____

**3** 다음은 $15.68 \div 8$을 계산한 것입니다. 알맞은 위치에 소수점을 찍어 보세요.

```
        1 ○ 9 ○ 6
   8 ) 1  5 . 6  8
        8
        7  6
        7  2
           4  8
           4  8
              0
```

**4** 지효가 말한 수를 현우가 말한 수로 나눈 몫을 구해 보세요.

지효    3.15        5    현우

(              )

**5** 어림셈하여 몫의 소수점 위치를 찾아 소수점을 찍어 보세요.

(1) $6.48 \div 3$

어림 ☐ ÷ ☐ → 약 ☐

몫 $2\bigcirc1\bigcirc6$

(2) $54.5 \div 5$

어림 ☐ ÷ ☐ → 약 ☐

몫 $1\bigcirc0\bigcirc9$

**6** 자연수의 나눗셈을 이용하여 ☐ 안에 알맞은 수를 써넣으세요.

$$886 \div 2 = \boxed{\phantom{000}}$$

$$88.6 \div 2 = \boxed{\phantom{000}}$$

$$8.86 \div 2 = \boxed{\phantom{000}}$$

**7** 수직선에서 0과 15.2 사이를 5등분하였습니다. ㉠이 나타내는 수를 소수로 나타내어 보세요.

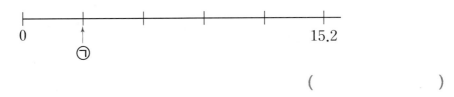

0    ㉠                 15.2

(              )

**8** 빈 곳에 알맞은 수를 써넣으세요.

**9** 몫을 어림하여 몫이 1보다 큰 나눗셈을 모두 찾아 기호를 써 보세요.

ㄱ $2.88 \div 3$    ㄴ $5.81 \div 7$    ㄷ $45.5 \div 3$
ㄹ $6.6 \div 4$    ㅁ $5.28 \div 8$    ㅂ $10.17 \div 9$

(                                    )

**10** 넓이가 $15 \ m^2$인 직사각형을 똑같이 6칸으로 나누었습니다. 색칠한 부분의 넓이는 몇 $m^2$인지 구해 보세요.

(                                    )

**11** 무게가 같은 수박 4통의 무게가 23 kg입니다. 수박 한 통의 무게는 몇 kg인지 소수로 나타내어 보세요.

(           )

**12** 가로의 길이가 4.41 m인 텃밭에 고추 모종 8개를 같은 간격으로 그림과 같이 심으려고 합니다. 모종 사이의 간격을 몇 m로 해야 하는지 구해 보세요. (단, 모종의 두께는 생각하지 않습니다.)

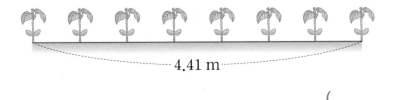

4.41 m

(           )

**빠른 개념 찾기**

틀린 문제는 개념을 다시 확인해 보세요.

| 개념 | | 문제 번호 |
|---|---|---|
| 11일차 | 각 자리에서 나누어떨어지는 (소수)÷(자연수) | 1, 6 |
| 12일차 | 각 자리에서 나누어떨어지지 않는 (소수)÷(자연수) ⑴ | 2 |
| 13일차 | 각 자리에서 나누어떨어지지 않는 (소수)÷(자연수) ⑵ | 3 |
| 14일차 | 몫이 1보다 작은 소수인 (소수)÷(자연수) | 4, 12 |
| 15일차 | 소수점 아래 0을 내려 계산해야 하는 (소수)÷(자연수) | 8 |
| 16일차 | 몫의 소수 첫째 자리에 0이 있는 (소수)÷(자연수) | 7, 8 |
| 17일차 | (자연수)÷(자연수) | 10, 11 |
| 18일차 | 몫의 소수점 위치 확인하기 | 5, 9 |

19일차 정답 확인

우리가 살아가야 할 지구, 이 지구를 지키기 위해 우리는 생활 속에서 항상 환경을 지키려는 노력을 해야 합니다. 식당가에서 찾을 수 있는 환경지킴이가 아닌 사람을 찾아 ○표 하세요.

# 3장

# 소수의 나눗셈(2)
## 소수로 나누기

공부 계획

# 끈 42.5 cm를 8.5 cm씩 자르면 모두 몇 도막이 될까요?

스마트 학습

1 cm＝10 mm이므로 42.5 cm＝425 mm이고 8.5 cm＝85 mm입니다.
425÷85＝5이므로 모두 5도막이 됩니다.

$$42.5 \div 8.5$$

10배　　　　10배　　➡　42.5÷8.5＝5

$$425 \div 85 = 5$$

> 끈 42.5 cm를 8.5 cm씩 자르는 것은 끈 425 mm를 85 mm씩 자르는 것과 같아.

나누는 수와 나누어지는 수에 똑같이 10배를 하여도 몫은 변하지 않습니다.

---

**개념 확인**

**1** 소수의 나눗셈을 자연수의 나눗셈을 이용하여 계산하려고 합니다. ☐ 안에 알맞은 수를 써넣으세요.

(1)　　$6.3 \div 0.7$

10배　　　　10배

$$63 \div 7 = \boxed{\phantom{0}}$$

➡　$6.3 \div 0.7 = \boxed{\phantom{0}}$

(2)　　$11.2 \div 0.8$

10배　　　　$\boxed{\phantom{0}}$배

$$112 \div 8 = \boxed{\phantom{0}}$$

➡　$11.2 \div 0.8 = \boxed{\phantom{0}}$

(3)　　$14.4 \div 0.6$

10배　　　　$\boxed{\phantom{0}}$배

$$144 \div \boxed{\phantom{0}} = \boxed{\phantom{0}}$$

➡　$14.4 \div 0.6 = \boxed{\phantom{0}}$

(4)　　$10.8 \div 1.2$

10배　　　　$\boxed{\phantom{0}}$배

$$\boxed{\phantom{0}} \div \boxed{\phantom{0}} = \boxed{\phantom{0}}$$

➡　$10.8 \div 1.2 = \boxed{\phantom{0}}$

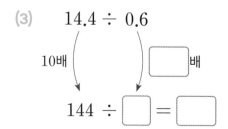

# 끈 1.26 m를 0.06 m씩 자르면 모두 몇 도막이 될까요?

1 m=100 cm이므로 1.26 m=126 cm이고 0.06 m=6 cm입니다.
126÷6=21이므로 모두 21도막이 됩니다.

$$1.26 \div 0.06$$

100배 ↓        ↓ 100배   →   1.26÷0.06=21

$$126 \div 6 = 21$$

끈 1.26 m를
0.06 m씩 자르는
것은 끈 126 cm를
6 cm씩 자르는
것과 같아.

스마트 학습

나누는 수와 나누어지는 수에 똑같이 100배를 하여도 몫은 변하지 않습니다.

---

개념 확인

**2** 소수의 나눗셈을 자연수의 나눗셈을 이용하여 계산하려고 합니다. ☐ 안에 알맞은 수를 써넣으세요.

(1)       $$0.36 \div 0.04$$

100배 ↓        ↓ 100배

$$36 \div 4 = \boxed{\phantom{0}}$$

→   $0.36 \div 0.04 = \boxed{\phantom{0}}$

(2)       $$0.78 \div 0.13$$

100배 ↓        ↓ $\boxed{\phantom{0}}$배

$$78 \div 13 = \boxed{\phantom{0}}$$

→   $0.78 \div 0.13 = \boxed{\phantom{0}}$

(3)       $$1.92 \div 0.16$$

$\boxed{\phantom{0}}$배 ↓        ↓ 100배

$$192 \div \boxed{\phantom{0}} = \boxed{\phantom{0}}$$

→   $1.92 \div 0.16 = \boxed{\phantom{0}}$

(4)       $$1.35 \div 0.09$$

100배 ↓        ↓ $\boxed{\phantom{0}}$배

$$\boxed{\phantom{0}} \div \boxed{\phantom{0}} = \boxed{\phantom{0}}$$

→   $1.35 \div 0.09 = \boxed{\phantom{0}}$

**1** 자연수의 나눗셈을 이용하여 $14.2 \div 0.2$와 $1.42 \div 0.02$를 계산하려고 합니다. ☐ 안에 알맞은 수를 써넣으세요.

(1)
$$14.2 \div 0.2$$
10배 ↓ ↓ 10배
$$142 \div \boxed{\phantom{0}} = \boxed{\phantom{0}}$$
$$14.2 \div 0.2 = \boxed{\phantom{0}}$$

(2)
$$1.42 \div 0.02$$
100배 ↓ ↓ 100배
$$142 \div \boxed{\phantom{0}} = \boxed{\phantom{0}}$$
$$1.42 \div 0.02 = \boxed{\phantom{0}}$$

**2** 주어진 나눗셈과 몫이 같은 나눗셈의 기호를 써 보세요.

(1)
$$27.3 \div 0.3$$

ⓐ $273 \div 3$

ⓑ $273 \div 0.3$

(       )

(2)
$$0.68 \div 0.17$$

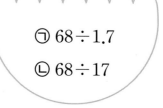

ⓐ $68 \div 1.7$

ⓑ $68 \div 17$

(       )

**3** 바르게 계산했으면 ◯표, 잘못 계산했으면 ✕표 하세요.

(1)
$$19.2 \div 2.4 = 192 \div 2.4 = 80$$
(       )

(2)
$$1.12 \div 0.04 = 112 \div 4 = 28$$
(       )

**4** 빈 곳에 알맞은 수를 써넣으세요.

(1) $\div$ →

| 7.8 | 1.3 | |
|---|---|---|

(2) $\div$ →

| 0.92 | 0.02 | |
|---|---|---|

**5** 끈 1.16 m를 0.04 m씩 자르면 몇 도막이 되는지 알아보려고 합니다. ☐ 안에 알맞은 수를 써넣으세요.

1.16 m = ☐ cm, 0.04 m = ☐ cm 이므로 끈 1.16 m를 0.04 m씩 자르는 것은 끈 ☐ cm를 ☐ cm씩 자르는 것과 같습니다.

$1.16 \div 0.04 =$ ☐ $\div 4$

☐ $\div 4 =$ ☐

$1.16 \div 0.04 =$ ☐

→ ☐ 도막

**6** ㉠과 ㉡에 알맞은 수를 각각 구해 보세요.

$$0.75 \div 0.25 = 75 \div ㉠ = ㉡$$

㉠ ( )

㉡ ( )

**7** 딸기 21.5 kg을 한 봉지에 0.5 kg씩 담으려고 합니다. 딸기를 모두 몇 봉지까지 담을 수 있나요?

식

답 _____ 봉지

## 5.4÷0.6은 얼마인지 알아볼까요?

방법 ① 분수의 나눗셈으로 바꾸어 계산하기

스마트 학습

분자끼리 나누기

$$5.4 \div 0.6 = \frac{54}{10} \div \frac{6}{10} = 54 \div 6 = 9$$

소수를 분수로 바꾸기

참고 분모가 같은 (분수)÷(분수)는 분자끼리 나누어 계산합니다.

$$\frac{●}{■} \div \frac{▲}{■} = ● \div ▲$$

개념 확인

**1** ☐ 안에 알맞은 수를 써넣으세요.

(1) $2.4 \div 0.8 = \dfrac{24}{10} \div \dfrac{\Box}{10} = 24 \div \Box = \Box$

(2) $6.3 \div 0.9 = \dfrac{\Box}{10} \div \dfrac{9}{10} = \Box \div 9 = \Box$

(3) $9.6 \div 1.2 = \dfrac{96}{10} \div \dfrac{\Box}{10} = 96 \div \Box = \Box$

(4) $5.6 \div 0.4 = \dfrac{\Box}{10} \div \dfrac{4}{10} = \Box \div 4 = \Box$

(5) $8.4 \div 0.7 = \dfrac{\Box}{10} \div \dfrac{\Box}{10} = \Box \div \Box = \Box$

(6) $14.3 \div 1.1 = \dfrac{\Box}{10} \div \dfrac{\Box}{10} = \Box \div \Box = \Box$

$$0.6 \overline{)5.4} \quad \rightarrow \quad 6 \overline{)5\,4}$$

$$\begin{array}{r} 9 \\ 6 \overline{)5\,4} \\ 5\,4 \\ \hline 0 \end{array}$$

$$5.4 \div 0.6 = 9$$
10배 $\quad$ 10배
$$54 \div 6 = 9$$

나누는 수와 나누어지는 수에
똑같이 10배를 하여도 몫은 같아.

나누는 수와 나누어지는 수의 소수점을 각각 오른쪽으로 한 자리씩 옮겨서 계산합니다. 몫을 쓸 때 옮긴 소수점의 위치에서 소수점을 찍어 주어야 합니다.

**개념 확인**

**2** □ 안에 알맞은 수를 써넣으세요.

(1)
$$0.3 \overline{)2.7}$$
$$\begin{array}{r} \square \\ 2\,\square \\ \hline 0 \end{array}$$

(2)
$$0.7 \overline{)5.6}$$
$$\begin{array}{r} \square \\ \square\,\square \\ \hline 0 \end{array}$$

(3)
$$1.3 \overline{)7.8}$$
$$\begin{array}{r} \square \\ \square\,\square \\ \hline 0 \end{array}$$

(4)
$$1.9 \overline{)9.5}$$
$$\begin{array}{r} \square \\ \square\,\square \\ \hline 0 \end{array}$$

(5)
$$0.6 \overline{)8.4}$$
$$\begin{array}{r} \square\,\square \\ \square \\ \square\,\square \\ \hline 0 \end{array}$$

(6)
$$1.9 \overline{)20.9}$$
$$\begin{array}{r} \square\,\square \\ \square\,\square \\ \square\,\square \\ \hline 0 \end{array}$$

**1** 계산해 보세요.

(1)

$$0.3 \overline{)\ 0.9}$$

(2) $8.1 \div 0.9$

(3)

$$1.6 \overline{)\ 6.4}$$

(4) $8.5 \div 1.7$

(5)

$$2.3 \overline{)\ 3\ 2.2}$$

(6) $75.6 \div 3.6$

**2** 보기와 같이 분수의 나눗셈으로 바꾸어 계산하세요.

보기

$$4.9 \div 0.7 = \frac{49}{10} \div \frac{7}{10} = 49 \div 7 = 7$$

(1) $8.1 \div 0.3$

_____

(2) $17.4 \div 5.8$

_____

**3** 빈 곳에 알맞은 수를 써넣으세요.

(1)

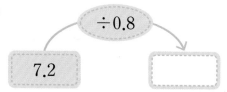

(2)

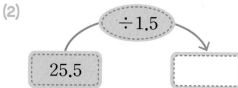

**4** 계산이 잘못된 곳을 찾아 바르게 계산해 보세요.

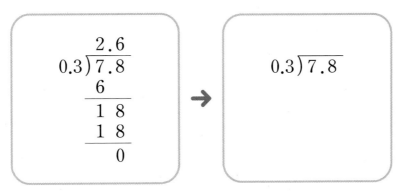

**5** 나눗셈의 몫이 다른 하나에 ○표 하세요.

$$0.2\overline{)3.8}$$

$$3.8\overline{)6\ 8.4}$$

$$5.2\overline{)9\ 8.8}$$

(        )          (        )          (        )

**6** 가장 큰 수를 가장 작은 수로 나눈 몫을 구해 보세요.

(1)

| 16.8 | 2.4 | 0.4 |

(        )

(2)

| 3.3 | 82.5 | 5.1 |

(        )

**7** 딸기주스 26.6 L를 병 한 개에 3.8 L씩 담았습니다. 딸기주스를 담은 병은 모두 몇 개인가요?

 식

답 _____ 개

# 1.95÷0.15는 얼마인지 알아볼까요?

 **방법 ①** 분수의 나눗셈으로 바꾸어 계산하기

스마트 학습

분자끼리 나누기

$$1.95 \div 0.15 = \frac{195}{100} \div \frac{15}{100} = 195 \div 15 = \mathbf{13}$$

소수를 분수로 바꾸기

참고 소수 두 자리 수는 분모가 100인 분수로 바꾸어 계산할 수 있습니다.

$$●.▲■ = \frac{●▲■}{100}$$

개념 확인

**1** ☐ 안에 알맞은 수를 써넣으세요.

(1) $0.64 \div 0.08 = \dfrac{64}{100} \div \dfrac{\boxed{\phantom{00}}}{100} = 64 \div \boxed{\phantom{00}} = \boxed{\phantom{00}}$

(2) $0.78 \div 0.13 = \dfrac{\boxed{\phantom{00}}}{100} \div \dfrac{13}{100} = \boxed{\phantom{00}} \div 13 = \boxed{\phantom{00}}$

(3) $0.95 \div 0.19 = \dfrac{\boxed{\phantom{00}}}{100} \div \dfrac{19}{100} = 95 \div \boxed{\phantom{00}} = \boxed{\phantom{00}}$

(4) $2.16 \div 0.24 = \dfrac{\boxed{\phantom{00}}}{100} \div \dfrac{\boxed{\phantom{00}}}{100} = 216 \div \boxed{\phantom{00}} = \boxed{\phantom{00}}$

(5) $1.44 \div 0.12 = \dfrac{\boxed{\phantom{00}}}{100} \div \dfrac{\boxed{\phantom{00}}}{100} = \boxed{\phantom{00}} \div \boxed{\phantom{00}} = \boxed{\phantom{00}}$

(6) $4.93 \div 0.17 = \dfrac{\boxed{\phantom{00}}}{100} \div \dfrac{\boxed{\phantom{00}}}{100} = \boxed{\phantom{00}} \div \boxed{\phantom{00}} = \boxed{\phantom{00}}$

$$0.15\overline{)1.95}$$  →  $$15\overline{)195}$$

```
        1 3
   15) 1 9 5
        1 5
          4 5
          4 5
            0
```

$$1.95 \div 0.15 = 13$$

100배 ↓          ↓ 100배

$$195 \div 15 = 13$$

나누는 수와 나누어지는 수에
똑같이 100배를 하여도 몫은 같아.

나누는 수와 나누어지는 수의 소수점을 각각 오른쪽으로 두 자리씩 옮겨서 계산합니다. 몫을 쓸 때 옮긴 소수점의 위치에서 소수점을 찍어 주어야 합니다.

**개념 확인**

**2**  ☐ 안에 알맞은 수를 써넣으세요.

(1)
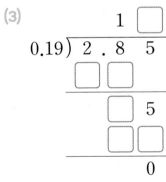

(2)
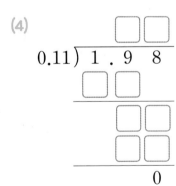

(3)
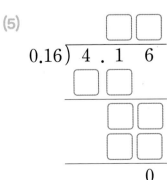

(4)
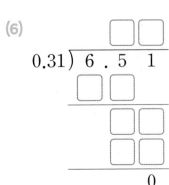

(5)
```
        ☐ ☐
   0.16) 4 . 1 6
         ☐ ☐
           ☐ ☐
           ☐ ☐
             0
```

(6)
```
        ☐ ☐
   0.31) 6 . 5 1
         ☐ ☐
           ☐ ☐
           ☐ ☐
             0
```

**1** 계산해 보세요.

(1)

$$0.13\overline{)0.2\ 6}$$

(2) $2.52 \div 0.36$

(3)

$$0.25\overline{)1.2\ 5}$$

(4) $17.36 \div 2.17$

(5)

$$3.21\overline{)4\ 4.9\ 4}$$

(6) $32.89 \div 1.43$

**2** 보기와 같이 분수의 나눗셈으로 바꾸어 계산하세요.

> 보기
>
> $$4.48 \div 0.14 = \frac{448}{100} \div \frac{14}{100} = 448 \div 14 = 32$$

(1) $3.84 \div 0.16$

(2) $21.55 \div 4.31$

**3** 바르게 계산한 곳에 ◯표 하세요.

(1)

$4.59 \div 0.51 = 0.9$ ◯

$4.59 \div 0.51 = 9$ ◯

(2)

$61.05 \div 1.65 = 37$ ◯

$61.05 \div 1.65 = 47$ ◯

**4** 빈 곳에 알맞은 수를 써넣으세요.

(1)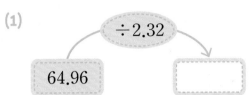

(2)

**5** $7.92 \div 0.88$과 몫이 같은 나눗셈은 어느 것인가요? ································ (          )

① $79.2 \div 0.88$          ② $7.92 \div 8.8$          ③ $792 \div 0.88$

④ $792 \div 88$          ⑤ $79.2 \div 88$

**6** 계산 결과가 같은 것끼리 이어 보세요.

$17.52 \div 0.73$  ·                    ·  $6.96 \div 0.87$

$33.12 \div 4.14$  ·                    ·  $37.44 \div 1.56$

**7** 꽃 장식 한 개를 만드는 데 끈이 $1.47$ m 필요합니다. 끈 $7.35$ m로 만들 수 있는 꽃 장식은 모두 몇 개인가요?

식

답                                        개

(소수 두 자리 수)÷(소수 한 자리 수)

# 5.12÷1.6은 얼마인지 알아볼까요?

**방법 ①** 512÷160을 이용하여 계산하기

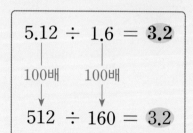

$$5.12 \div 1.6 = \mathbf{3.2}$$

100배     100배

$$512 \div 160 = \mathbf{3.2}$$

$$1.6\overline{0)5.12}$$

소수점을 각각 오른쪽으로 두 자리씩 옮겨서 계산해.

옮긴 소수점의 위치에서 소수점을 찍어야 해.

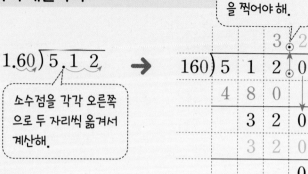

**참고** 5.12÷1.6을 분모가 100인 분수의 나눗셈으로 계산하기

$$5.12 \div 1.6 = \frac{512}{100} \div \frac{160}{100} = 512 \div 160 = 3.2$$

**개념확인**

**1** ☐ 안에 알맞은 수를 써넣으세요.

(1) $5.52 \div 0.8 = 552 \div \boxed{\phantom{00}} = \boxed{\phantom{00}}$

(2) $7.75 \div 2.5 = 775 \div \boxed{\phantom{00}} = \boxed{\phantom{00}}$

나누는 수와 나누어지는 수에 100을 곱해 봐.

**개념확인**

**2** ☐ 안에 알맞은 수를 써넣으세요.

옮긴 소수점의 위치에서 소수점을 찍어.

(1)

$$0.6\,0\overline{)4.0\,8\,0}$$

(2)

$$2.7\,0\overline{)2.9\,7\,0}$$

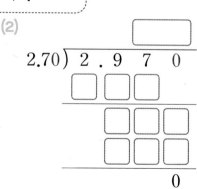

방법 ② 51.2÷16을 이용하여 계산하기

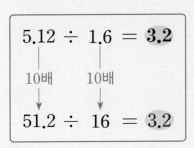

$$5.12 \div 1.6 = \mathbf{3.2}$$

10배    10배

$$51.2 \div 16 = \mathbf{3.2}$$

$$1.6\overline{)5.1\,2}$$

소수점을 각각 오른쪽
으로 한 자리씩 옮겨서
계산해.

→

$$16\overline{)5\,1\,2}$$
$$\quad\;\,4\,8$$
$$\quad\quad\;3\,2$$
$$\quad\quad\;3\,2$$
$$\quad\quad\quad\;0$$

참고  나눗셈에서 나누는 수와 나누어지는 수에 똑같이 10 또는 100을 곱한 후 계산해도 계산 결과는 같습니다.

개념 확인

**3** ☐ 안에 알맞은 수를 써넣으세요.

(1) $2.73 \div 0.3 = 27.3 \div \boxed{\phantom{0}} = \boxed{\phantom{0}}$

(2) $7.59 \div 2.3 = 75.9 \div \boxed{\phantom{0}} = \boxed{\phantom{0}}$

개념 확인

**4** ☐ 안에 알맞은 수를 써넣으세요.

(1)
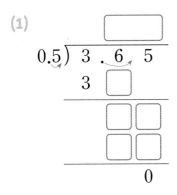

(2)
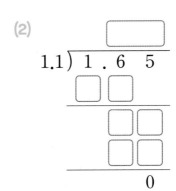

**1** 계산해 보세요.

(1)
$$0.4 \overline{)0.4\ 8}$$

(2) $3.96 \div 0.9$

(3)
$$1.8 \overline{)5.2\ 2}$$

(4) $47.04 \div 8.4$

(5)
$$3.7 \overline{)1\ 7.0\ 2}$$

(6) $82.41 \div 12.3$

**2** 나눗셈의 몫에 소수점을 바르게 찍으세요.

(1)
```
           5 8
3.4) 1 9. 7 2
     1 7 0
     ───────
       2 7 2
       2 7 2
       ───────
             0
```

(2)
```
             6 4
0.80) 5. 1 2
      4 8 0
      ───────
        3 2 0
        3 2 0
        ───────
              0
```

**3** 빈 곳에 알맞은 수를 써넣으세요.

(1) 6.97 / 21.32 ÷4.1

(2) 18.72 / 4.08 ÷1.2

몫이 4.3인 나눗셈에 ◯표 하세요.

(1)
| 7.92÷1.8 | 6.88÷1.6 |

◯  ◯

(2)
| 13.76÷3.2 | 9.18÷2.7 |

◯  ◯

5 크기를 비교하여 ◯ 안에 >, =, <를 알맞게 써넣으세요.

(1)  37.26÷0.9  ◯  41.2

(2)  3.52÷1.6  ◯  2.2

6 ◯ 안에 알맞은 수를 구해 보세요.

◯ × 11.3 = 19.21

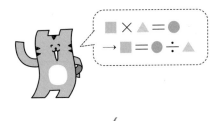

(          )

7 집에서 학교까지의 거리는 1.5 km이고, 집에서 공원까지의 거리는 2.85 km입니다. 집에서 공원까지의 거리는 집에서 학교까지의 거리의 몇 배인가요?

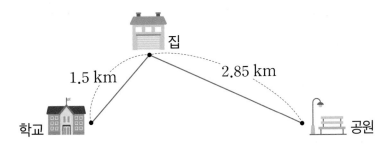

1.5 km  2.85 km

학교  집  공원

식

답 _____ 배

(소수 세 자리 수)÷(소수 두 자리 수)

## 3.358÷1.46은 얼마인지 알아볼까요?

방법 ① 3358÷1460을 이용하여 계산하기

스마트 학습

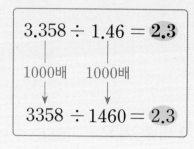

소수점을 각각 오른쪽으로 세 자리씩 옮겨서 계산해.

$$1460 ) \overline{3358.0}$$

```
            2.3
1460 ) 3 3 5 8 . 0
       2 9 2 0
         4 3 8 0
         4 3 8 0
               0
```

개념 확인

**1** ☐ 안에 알맞은 수를 써넣으세요.

(1) $0.425 \div 0.25 = 425 \div \boxed{\phantom{0}} = \boxed{\phantom{0}}$

(2) $0.744 \div 1.24 = \boxed{\phantom{0}} \div 1240 = \boxed{\phantom{0}}$

개념 확인

**2** 나누는 수와 나누어지는 수의 소수점을 똑같이 오른쪽으로 세 자리씩 옮겨서 계산해 보세요.

(1)
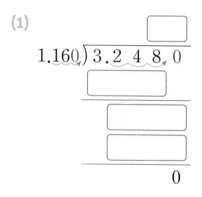

$$1.160 ) 3.2480$$

(2)
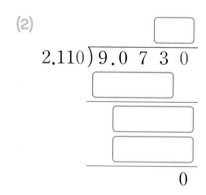

$$2.110 ) 9.0730$$

(3)
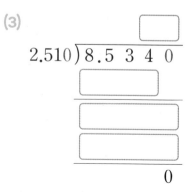

$$2.510 ) 8.5340$$

(4)
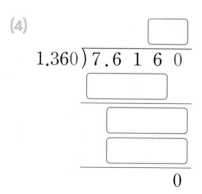

$$1.360 ) 7.6160$$

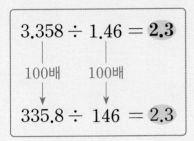

$3.358 ÷ 1.46 = \mathbf{2.3}$

100배    100배

$335.8 ÷ 146 = \mathbf{2.3}$

$1.46\overline{)3.358}$

소수점을 각각 오른쪽
으로 두 자리씩 옮겨서
계산해.

➡

$$146\overline{)\begin{matrix} 2.3 \\ 3358 \end{matrix}}$$

```
        2 . 3
146 ) 3 3 5 . 8
      2 9 2
        4 3 8
        4 3 8
            0
```

**개념 확인**

**3** ☐ 안에 알맞은 수를 써넣으세요.

(1) $0.432 ÷ 0.48 = \boxed{\phantom{00}} ÷ 48 = \boxed{\phantom{00}}$

(2) $1.116 ÷ 0.18 = 111.6 ÷ \boxed{\phantom{00}} = \boxed{\phantom{00}}$

**개념 확인**

**4** 나누는 수와 나누어지는 수의 소수점을 똑같이 오른쪽으로 두 자리씩 옮겨서 계산해 보세요.

(1)
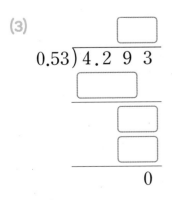

$0.79\overline{)2.133}$

(2)

$2.89\overline{)8.959}$

(3)
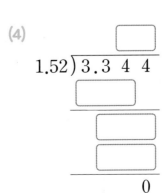

$0.53\overline{)4.293}$

(4)

$1.52\overline{)3.344}$

**1** 계산해 보세요.

(1)

$$0.12 \overline{)0.1\ 6\ 8}$$

(2) $1.476 \div 0.41$

(3)

$$2.23 \overline{)4.6\ 8\ 3}$$

(4) $7.854 \div 1.87$

(5)

$$1.26 \overline{)6.8\ 0\ 4}$$

(6) $4.945 \div 2.15$

**2** 바르게 계산한 것의 기호를 써 보세요.

$$
\begin{array}{r}
\text{㉠} \qquad 1.3 \\
1.83 \overline{)2.3\ 7\ 9} \\
1\ 8\ 3 \\
\hline
5\ 4\ 9 \\
5\ 4\ 9 \\
\hline
0
\end{array}
\qquad
\begin{array}{r}
\text{㉡} \qquad 0.1\ 9 \\
0.75 \overline{)1.4\ 2\ 5} \\
7\ 5 \\
\hline
6\ 7\ 5 \\
6\ 7\ 5 \\
\hline
0
\end{array}
$$

(          )

**3** 빈 곳에 알맞은 수를 써넣으세요.

(1)

$0.561 \rightarrow \boxed{\div 0.33} \rightarrow \boxed{\phantom{000}}$

(2)

$1.548 \rightarrow \boxed{\div 1.72} \rightarrow \boxed{\phantom{000}}$

**4** 계산 결과를 찾아 색칠하세요.

(1)

$$1.365 \div 0.91$$

| 1.5 | 2.5 |
|-----|-----|

(2)

$$5.842 \div 2.54$$

| 2.4 | 2.3 |
|-----|-----|

**5** $4.536 \div 5.67$과 몫이 같도록 소수점을 옮긴 것에 모두 ○표 하세요.

$$45.36 \div 5.67 \qquad 4536 \div 5670$$

$$453.6 \div 567 \qquad 45.36 \div 567$$

**6** 우영이가 설명하는 수를 구해 보세요.

8.708을 3.11로 나눈 몫

우영

(             )

**7** 넓이가 $2.112 \text{ m}^2$인 직사각형 모양의 텃밭이 있습니다. 이 텃밭의 가로가 $1.32 \text{ m}$라면 세로는 몇 m인가요?

식

답                     m

24일차

하루한장 앱에서
학습 인증하고
하루템을 모으세요!

# 마무리 하기

**1** 자연수의 나눗셈을 이용하여 $11.2 \div 0.4$를 계산하려고 합니다. ☐ 안에 알맞은 수를 써넣으세요.

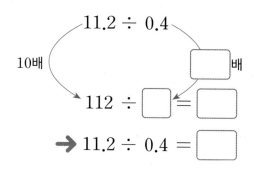

$$11.2 \div 0.4$$

10배  ☐ 배

$$112 \div \boxed{\phantom{0}} = \boxed{\phantom{0}}$$

➜ $11.2 \div 0.4 = \boxed{\phantom{0}}$

**2** ☐ 안에 알맞은 수를 써넣으세요.

$$3.6 \div 0.6 = \frac{\boxed{\phantom{0}}}{10} \div \frac{\boxed{\phantom{0}}}{10} = \boxed{\phantom{0}} \div \boxed{\phantom{0}} = \boxed{\phantom{0}}$$

**3** $8.93 \div 1.9$를 바르게 계산한 사람의 이름을 써 보세요.

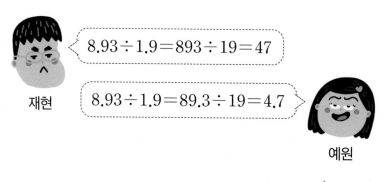

$$8.93 \div 1.9 = 893 \div 19 = 47$$

재현

$$8.93 \div 1.9 = 89.3 \div 19 = 4.7$$

예원

(        )

**4** 계산이 잘못된 곳을 찾아 바르게 계산해 보세요.

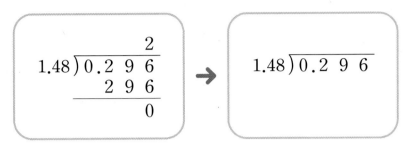

**5** 빈 곳에 알맞은 수를 써넣으세요.

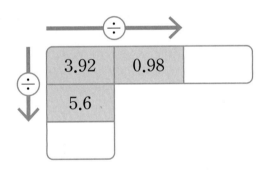

**6** 계산 결과를 찾아 이어 보세요.

| 0.702÷0.27 | • | | • | 0.3 |

| 0.336÷1.12 | • | | • | 1.6 |

| 5.568÷3.48 | • | | • | 2.6 |

**7** 계산 결과가 큰 것부터 차례로 기호를 써 보세요.

$$\bigcirc\ 29.4 \div 4.2 \qquad \bigcirc\ 2.25 \div 0.25 \qquad \bigcirc\ 18.3 \div 6.1$$

( )

**8** 을 만족하는 나눗셈식을 찾아 계산해 보세요.

> **조건**
>
> • $238 \div 7$을 이용하여 풀 수 있습니다.
> • 나누는 수와 나누어지는 수를 각각 100배 하면 $238 \div 7$이 됩니다.

_____

**9** ⊙과 ⓒ의 몫의 차를 구해 보세요.

$$\bigcirc\ 11.41 \div 0.7$$
$$\bigcirc\ 34.96 \div 3.8$$

( )

**10** 물 38.16 L를 물통 한 개에 3.18 L씩 모두 담으려고 합니다. 필요한 물통은 모두 몇 개인가요?

( )

**11** 민성이가 자전거를 타고 2시간 30분 동안 8.25 km를 갔습니다. 민성이가 한 시간 동안 간 평균 거리는 몇 km인가요?

(                    )

**12** 넓이가 27.2 cm²인 삼각형이 있습니다. 이 삼각형의 높이가 6.8 cm라면 밑변의 길이는 몇 cm인가요?

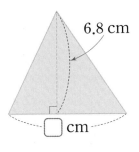

6.8 cm

⬜ cm

(                    )

**빠른**
# 개념 찾기

틀린 문제는 개념을
다시 확인해 보세요.

**25일차**
**정답 확인**

| 개념 | 문제 번호 |
|---|---|
| **20일차** 자연수의 나눗셈을 이용하는 (소수)÷(소수) | **1, 8** |
| **21일차** (소수 한 자리 수)÷(소수 한 자리 수) | **2, 7, 12** |
| **22일차** (소수 두 자리 수)÷(소수 두 자리 수) | **5, 7, 10** |
| **23일차** (소수 두 자리 수)÷(소수 한 자리 수) | **3, 5, 9, 11** |
| **24일차** (소수 세 자리 수)÷(소수 두 자리 수) | **4, 6** |

(자연수)÷(소수 한 자리 수)

# 77÷3.5는 얼마인지 알아볼까요?

방법 ① 분수의 나눗셈으로 바꾸어 계산하기

스마트 학습

분모가 10인 분수로 나타내기

$$77 \div 3.5 = \frac{770}{10} \div \frac{35}{10} = 770 \div 35 = 22$$

소수를 분수로 바꾸기

참고 분모가 같은 분수의 나눗셈은 분자끼리 나눕니다.

$$\frac{\bullet}{\blacksquare} \div \frac{\blacktriangle}{\blacksquare} = \bullet \div \blacktriangle$$

개념 확인

**1** ☐ 안에 알맞은 수를 써넣으세요.

(1) $5 \div 2.5 = \dfrac{50}{10} \div \dfrac{25}{10} = 50 \div \boxed{\phantom{0}} = \boxed{\phantom{0}}$

(2) $18 \div 3.6 = \dfrac{\boxed{\phantom{0}}}{10} \div \dfrac{36}{10} = \boxed{\phantom{0}} \div 36 = \boxed{\phantom{0}}$

(3) $9 \div 1.8 = \dfrac{90}{10} \div \dfrac{\boxed{\phantom{0}}}{10} = 90 \div \boxed{\phantom{0}} = \boxed{\phantom{0}}$

(4) $24 \div 0.6 = \dfrac{\boxed{\phantom{0}}}{10} \div \dfrac{6}{10} = \boxed{\phantom{0}} \div 6 = \boxed{\phantom{0}}$

(5) $45 \div 7.5 = \dfrac{\boxed{\phantom{0}}}{10} \div \dfrac{\boxed{\phantom{0}}}{10} = \boxed{\phantom{0}} \div \boxed{\phantom{0}} = \boxed{\phantom{0}}$

(6) $64 \div 3.2 = \dfrac{\boxed{\phantom{0}}}{10} \div \dfrac{\boxed{\phantom{0}}}{10} = \boxed{\phantom{0}} \div \boxed{\phantom{0}} = \boxed{\phantom{0}}$

$77 \div 3.5 = \boxed{22}$

10배    10배

$770 \div 35 = \boxed{22}$

$3.5\overline{)7\,7\,.\,0}$  →

소수점을 각각 오른쪽으로 한 자리씩 옮겨서 계산해.

$$
\begin{array}{r}
2\;2 \\
35\overline{)7\;7\;0} \\
7\;0 \\
\hline
7\;0 \\
7\;0 \\
\hline
0
\end{array}
$$

**참고** 나누는 수와 나누어지는 수를 각각 10배씩 하여 계산해도 계산 결과는 같습니다.

**개념 확인**

**2** ☐ 안에 알맞은 수를 써넣으세요.

(1)

$$
\begin{array}{r}
\boxed{\phantom{0}} \\
4.5\overline{)3\;6\;.\;0} \\
\boxed{\phantom{0}}\;\boxed{\phantom{0}}\;\boxed{\phantom{0}} \\
\hline
0
\end{array}
$$

(2)

$$
\begin{array}{r}
\boxed{\phantom{0}} \\
1.5\overline{)1\;2\;.\;0} \\
\boxed{\phantom{0}}\;\boxed{\phantom{0}}\;0 \\
\hline
0
\end{array}
$$

(3)

$$
\begin{array}{r}
\boxed{\phantom{0}}\;\boxed{\phantom{0}} \\
1.4\overline{)4\;9\;.\;0} \\
\boxed{\phantom{0}} \\
\boxed{\phantom{0}}\;0 \\
\boxed{\phantom{0}}\;0 \\
\hline
0
\end{array}
$$

(4)

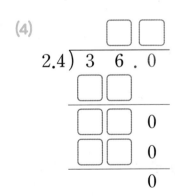

$$
\begin{array}{r}
\boxed{\phantom{0}}\;\boxed{\phantom{0}} \\
2.4\overline{)3\;6\;.\;0} \\
\boxed{\phantom{0}}\;\boxed{\phantom{0}} \\
\boxed{\phantom{0}}\;\boxed{\phantom{0}}\;0 \\
\boxed{\phantom{0}}\;\boxed{\phantom{0}}\;0 \\
\hline
0
\end{array}
$$

(5)

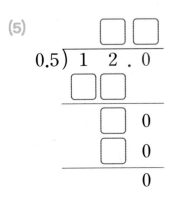

$$
\begin{array}{r}
\boxed{\phantom{0}}\;\boxed{\phantom{0}} \\
0.5\overline{)1\;2\;.\;0} \\
\boxed{\phantom{0}}\;\boxed{\phantom{0}} \\
\boxed{\phantom{0}}\;0 \\
\boxed{\phantom{0}}\;0 \\
\hline
0
\end{array}
$$

(6)

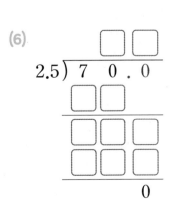

$$
\begin{array}{r}
\boxed{\phantom{0}}\;\boxed{\phantom{0}} \\
2.5\overline{)7\;0\;.\;0} \\
\boxed{\phantom{0}}\;\boxed{\phantom{0}} \\
\boxed{\phantom{0}}\;\boxed{\phantom{0}}\;\boxed{\phantom{0}} \\
\boxed{\phantom{0}}\;\boxed{\phantom{0}}\;\boxed{\phantom{0}} \\
\hline
0
\end{array}
$$

**1** 계산해 보세요.

(1)

$$0.5 \overline{)9}$$

(2) $15 \div 0.6$

(3)

$$1.6 \overline{)7\ 2}$$

(4) $28 \div 0.8$

(5)

$$2.5 \overline{)4\ 0}$$

(6) $60 \div 2.4$

**2** 보기 와 같이 분수의 나눗셈으로 바꾸어 계산하세요.

보기

$$54 \div 4.5 = \frac{540}{10} \div \frac{45}{10} = 540 \div 45 = 12$$

(1) $16 \div 3.2$

(2) $85 \div 1.7$

**3** 빈 곳에 알맞은 수를 써넣으세요.

(1)

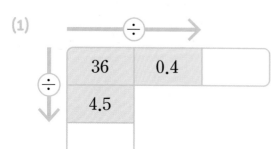

(2)

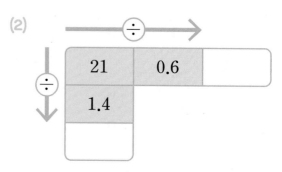

**4** 계산이 잘못된 곳을 찾아 바르게 계산해 보세요.

**5** 크기를 비교하여 ○ 안에 > 또는 < 를 알맞게 써넣으세요.

(1) $36 \div 1.5$ ◯ 25

(2) $48 \div 0.8$ ◯ 59

**6** 사다리를 타고 내려가서 도착한 곳에 나눗셈의 몫을 써넣으세요.

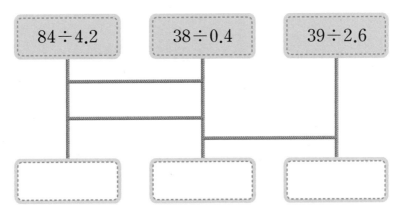

**7** 과수원에서 현주가 딴 사과의 무게는 22 kg, 동생이 딴 사과의 무게는 5.5 kg입니다. 현주가 딴 사과의 무게는 동생이 딴 사과의 무게의 몇 배인가요?

식

답 _____ 배

**27**일차 · (자연수)÷(소수 두 자리 수)

# 7÷1.75는 얼마인지 알아볼까요?

방법 ① 분수의 나눗셈으로 바꾸어 계산하기

분모가 100인 분수로 나타내기

분모가 같으면 분자끼리 나누면 돼!

$$7 \div 1.75 = \frac{700}{100} \div \frac{175}{100} = 700 \div 175 = 4$$

소수를 분수로 바꾸기

참고 자연수 7을 분모가 100인 분수로 나타내기 ➡ $7 = \frac{7}{1} = \frac{7 \times 100}{1 \times 100} = \frac{700}{100}$

스마트 학습

개념 확인

**1** ☐ 안에 알맞은 수를 써넣으세요.

(1) $5 \div 1.25 = \dfrac{500}{100} \div \dfrac{125}{100} = 500 \div \boxed{\phantom{00}} = \boxed{\phantom{00}}$

(2) $7 \div 0.14 = \dfrac{\boxed{\phantom{00}}}{100} \div \dfrac{14}{100} = \boxed{\phantom{00}} \div 14 = \boxed{\phantom{00}}$

(3) $9 \div 0.15 = \dfrac{900}{100} \div \dfrac{\boxed{\phantom{00}}}{100} = 900 \div \boxed{\phantom{00}} = \boxed{\phantom{00}}$

(4) $14 \div 0.35 = \dfrac{\boxed{\phantom{00}}}{100} \div \dfrac{35}{100} = \boxed{\phantom{00}} \div 35 = \boxed{\phantom{00}}$

(5) $32 \div 1.28 = \dfrac{\boxed{\phantom{00}}}{100} \div \dfrac{\boxed{\phantom{00}}}{100} = \boxed{\phantom{00}} \div \boxed{\phantom{00}} = \boxed{\phantom{00}}$

(6) $15 \div 3.75 = \dfrac{\boxed{\phantom{00}}}{100} \div \dfrac{\boxed{\phantom{00}}}{100} = \boxed{\phantom{00}} \div \boxed{\phantom{00}} = \boxed{\phantom{00}}$

$$7 \div 1.75 = 4$$

100배　　100배

$$700 \div 175 = 4$$

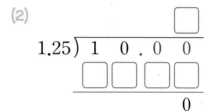

소수점을 각각 오른쪽
으로 두 자리씩 옮겨서
계산해.

참고 나누는 수와 나누어지는 수를 각각 100배씩 하여 계산해도 계산 결과는 같습니다.

개념 확인

2　□ 안에 알맞은 수를 써넣으세요.

(1)
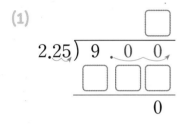

(2)

(3)

(4)

(5)

(6)

**1** 계산해 보세요.

(1)

$0.36 \overline{)\, 9 \phantom{0}}$

(2) $30 \div 1.25$

(3)

$0.15 \overline{)\, 6 \phantom{0}}$

(4) $14 \div 1.75$

(5)

$3.24 \overline{)\, 8 \phantom{0} 1 \phantom{0}}$

(6) $62 \div 2.48$

**2** 와 같이 분수의 나눗셈으로 바꾸어 계산하세요.

> 보기
>
> $$4 \div 0.16 = \frac{400}{100} \div \frac{16}{100} = 400 \div 16 = 25$$

(1) $13 \div 3.25$

(2) $24 \div 0.32$

**3** 빈 곳에 알맞은 수를 써넣으세요.

(1)

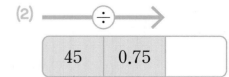

| 16 | 0.25 | |

(2)

| 45 | 0.75 | |

118

**4** 바르게 계산한 것에 ◯표 하세요.

(1)

| $21 \div 0.84 = 25$ | $21 \div 0.84 = 52$ |

(        )      (        )

(2)

| $6 \div 0.75 = 80$ | $6 \div 0.75 = 8$ |

(        )      (        )

**5** 자연수를 소수로 나눈 몫을 구해 보세요.

(1)   46    5.75      (2)   0.92    23

(           )         (           )

**6** 나눗셈의 몫이 같은 것끼리 이어 보세요.

| $55 \div 2.75$ | • | | • | $45 \div 2.25$ |
| $36 \div 2.25$ | • | | • | $12 \div 0.75$ |

**7** 쿠키 한 개를 만드는 데 버터 $0.35$ g이 필요합니다. 버터 $28$ g으로 쿠키를 몇 개까지 만들 수 있나요?

식

답 _____ 개

# 11÷7의 몫을 반올림하여 나타내어 볼까요?

$$
\begin{array}{r}
1.5\,7\,1 \cdots \\
7\,\overline{)1\,1.0\,0\,0} \\
7\phantom{.0000} \\
\hline
4\,0\phantom{00} \\
3\,5\phantom{00} \\
\hline
5\,0\phantom{0} \\
4\,9\phantom{0} \\
\hline
1\,0 \\
7 \\
\hline
3
\end{array}
$$

몫이 나누어떨어지지 않으면 몫을 반올림하여 나타낼 수 있어.

① 몫을 반올림하여 **일의 자리**까지 나타내기

$11 \div 7 = 1.5 \cdots \rightarrow 2$

└● 5이므로 올림

② 몫을 반올림하여 **소수 첫째 자리**까지 나타내기

$11 \div 7 = 1.57 \cdots \rightarrow 1.6$

└● 7이므로 올림

③ 몫을 반올림하여 **소수 둘째 자리**까지 나타내기

$11 \div 7 = 1.571 \cdots \rightarrow 1.57$

└● 1이므로 버림

참고 반올림은 구하려는 자리 바로 아래 숫자가 0, 1, 2, 3, 4이면 버리고, 5, 6, 7, 8, 9이면 올려서 어림하는 방법입니다.

개념 확인

**1** 나눗셈식을 보고 몫을 반올림하여 주어진 자리까지 나타내어 보세요.

(1)  $5 \div 11 = 0.454 \cdots$

| 일의 자리 | 소수 첫째 자리 | 소수 둘째 자리 |
|---|---|---|
|  |  |  |

(2)  $14 \div 9 = 1.555 \cdots$

| 일의 자리 | 소수 첫째 자리 | 소수 둘째 자리 |
|---|---|---|
|  |  |  |

(3)  $17 \div 12 = 1.416 \cdots$

| 일의 자리 | 소수 첫째 자리 | 소수 둘째 자리 |
|---|---|---|
|  |  |  |

# 4.4÷0.7의 몫을 반올림하여 소수 둘째 자리까지 나타내어 볼까요?

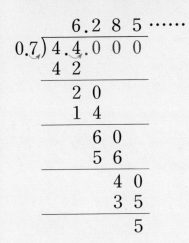

① 몫을 반올림하여 소수 둘째 자리까지 나타내려면 **소수 셋째 자리**에서 반올림해야 합니다.

└▸ 소수 셋째 자리까지 계산하기

② 몫의 소수 셋째 자리 숫자가 5이므로 반올림하여 소수 둘째 자리까지 나타내면 **6.29**입니다.

$$4.4÷0.7=6.285 \cdots \rightarrow 6.29$$

스마트 학습

> 몫을 반올림하여 소수 첫째 자리까지 나타내면
> $4.4÷0.7=6.28 \cdots \rightarrow 6.3$이야.

참고 몫을 반올림하여 일의 자리까지 나타내려면 소수 첫째 자리에서, 소수 첫째 자리까지 나타내려면 소수 둘째 자리에서, 소수 둘째 자리까지 나타내려면 소수 셋째 자리에서 반올림해야 합니다.

---

**개념 확인**

**2** ☐ 안에 알맞은 말을 써넣으세요.

(1)
> 몫을 반올림하여 소수 첫째 자리까지 나타내려면 소수 ☐ 자리에서 반올림해야 합니다.

(2)
> 몫을 반올림하여 소수 둘째 자리까지 나타내려면 소수 ☐ 자리에서 반올림해야 합니다.

**개념 확인**

**3** 나눗셈을 하고 몫을 반올림하여 소수 첫째 자리까지 나타내어 보세요.

(1)
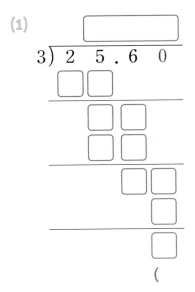

(          )

(2)
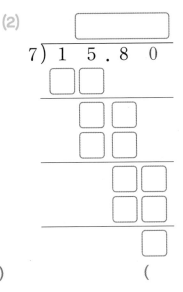

(          )

**121**

**1** 몫을 반올림하여 소수 첫째 자리까지 나타내어 보세요.

(1)

$$3\overline{)1\ 0}$$

(2)

$$7\overline{)1.9}$$

(            )           (            )

**2** 몫을 반올림하여 주어진 자리까지 나타내어 보세요.

> 몫을 소수 셋째 자리까지 구한 다음 주어진 자리까지 반올림하여 나타내 봐.

(1) 9÷7

| 일의 자리 | 소수 첫째 자리 | 소수 둘째 자리 |
|---|---|---|
|  |  |  |

(2) 61÷9

| 일의 자리 | 소수 첫째 자리 | 소수 둘째 자리 |
|---|---|---|
|  |  |  |

(3) 4.4÷0.6

| 일의 자리 | 소수 첫째 자리 | 소수 둘째 자리 |
|---|---|---|
|  |  |  |

(4) 6.7÷0.7

| 일의 자리 | 소수 첫째 자리 | 소수 둘째 자리 |
|---|---|---|
|  |  |  |

**3** 계산 결과를 비교하여 ◯ 안에 >, =, < 를 알맞게 써넣으세요.

(1)

17.5÷0.3의 몫을 반올림하여
일의 자리까지 나타낸 수
◯
17.5÷0.3

(2)

34÷9의 몫을 반올림하여
소수 첫째 자리까지 나타낸 수
◯
34÷9

(3)

13÷7의 몫을 반올림하여
소수 둘째 자리까지 나타낸 수
◯
13÷7

**4** 큰 수를 작은 수로 나눈 몫을 반올림하여 소수 둘째 자리까지 나타내어 보세요.

(1)    5        3

(          )

(2)    2.9        6

(          )

**5** 노란색 테이프의 길이 1.6 m는 파란색 테이프의 길이 1.9 m의 몇 배인지 반올림하여 소수 둘째 자리까지 나타내어 보세요.

1.6 m
1.9 m

식

답                        배

# 주스 6.4 L를 한 사람에게 2 L씩 나누어 줄 때 나누어 줄 수 있는 사람 수와 남는 주스의 양을 구해 볼까요?

**방법 ①** 뺄셈식으로 알아보기

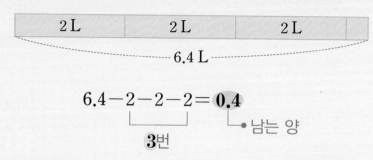

$$6.4 - 2 - 2 - 2 = \textbf{0.4}$$

3번      남는 양

→ 주스를 **3명**에게 나누어 줄 수 있고, 남는 주스의 양은 **0.4 L**입니다.

---

**개념 확인**

**1** 끈 31.5 m를 한 사람에게 5 m씩 나누어 주려고 합니다. ◯ 안에 알맞은 수를 써넣으세요.

(1) $31.5 - 5 - 5 - 5 - 5 - 5 - 5 = \boxed{\phantom{00}}$

(2) 나누어 줄 수 있는 사람은 $\boxed{\phantom{0}}$명입니다.

(3) 나누어 주고 남는 끈의 길이는 $\boxed{\phantom{0}}$ m입니다.

31.5에서 5를 몇 번 뺄 수 있고, 남는 수는 얼마인지 구해 봐!

---

**개념 확인**

**2** 딸기 17.6 kg을 한 사람에게 3 kg씩 나누어 주려고 합니다. ◯ 안에 알맞은 수를 써넣으세요.

(1) $17.6 - 3 - 3 - 3 - 3 - \boxed{\phantom{0}} = \boxed{\phantom{0}}$

(2) 나누어 줄 수 있는 사람은 $\boxed{\phantom{0}}$명입니다.

(3) 나누어 주고 남는 딸기의 양은 $\boxed{\phantom{0}}$ kg입니다.

**방법 2  세로로 계산하기**

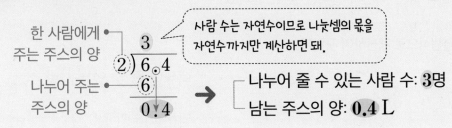

한 사람에게 •
주는 주스의 양

나누어 주는 •
주스의 양

$$3$$
$$2)\overline{6.4}$$
$$\underline{6}$$
$$0.4$$

사람 수는 자연수이므로 나눗셈의 몫을
자연수까지만 계산하면 돼.

→  ┌ 나누어 줄 수 있는 사람 수: **3**명
   └ 남는 주스의 양: **0.4** L

**참고**  계산 결과가 맞는지 알아보려면 나누어 주는 주스의 양(6 L)과 남는 주스의 양(0.4 L)의 합이 전체 주스의 양(6.4 L)와 같은지 확인합니다.

**개념 확인**

**3**  나눗셈의 몫을 자연수까지만 계산하고 그때의 몫과 나머지를 구해 보세요.

(1)
$$\boxed{\phantom{0}}$$
$$6)\overline{2\ 5\ .\ 3}$$
$$\boxed{\phantom{0}}\ \boxed{\phantom{0}}$$
$$\boxed{\phantom{00}}$$
몫: $\boxed{\phantom{0}}$
나머지: $\boxed{\phantom{0}}$

(2)
$$\boxed{\phantom{0}}$$
$$7)\overline{4\ 5\ .\ 3}$$
$$\boxed{\phantom{0}}\ \boxed{\phantom{0}}$$
$$\boxed{\phantom{00}}$$
몫: $\boxed{\phantom{0}}$
나머지: $\boxed{\phantom{0}}$

(3)
$$\boxed{\phantom{0}}$$
$$4)\overline{3\ 4\ .\ 8}$$
$$\boxed{\phantom{0}}\ \boxed{\phantom{0}}$$
$$\boxed{\phantom{00}}$$
몫: $\boxed{\phantom{0}}$
나머지: $\boxed{\phantom{0}}$

(4)
$$\boxed{\phantom{0}}$$
$$5)\overline{1\ 4\ .\ 7}$$
$$\boxed{\phantom{0}}\ \boxed{\phantom{0}}$$
$$\boxed{\phantom{00}}$$
몫: $\boxed{\phantom{0}}$
나머지: $\boxed{\phantom{0}}$

(5)
$$\boxed{\phantom{0}}$$
$$9)\overline{8\ 3\ .\ 2}$$
$$\boxed{\phantom{0}}\ \boxed{\phantom{0}}$$
$$\boxed{\phantom{00}}$$
몫: $\boxed{\phantom{0}}$
나머지: $\boxed{\phantom{0}}$

(6)
$$\boxed{\phantom{0}}$$
$$8)\overline{5\ 8\ .\ 9}$$
$$\boxed{\phantom{0}}\ \boxed{\phantom{0}}$$
$$\boxed{\phantom{00}}$$
몫: $\boxed{\phantom{0}}$
나머지: $\boxed{\phantom{0}}$

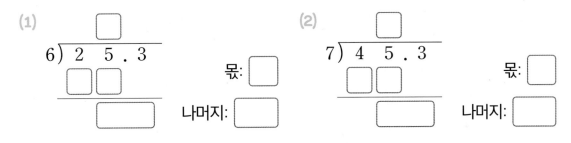
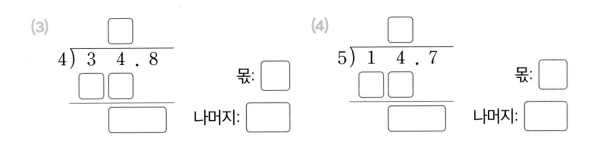

**1** 다음을 두 가지 방법으로 구해 보세요.

(1)
> 리본 22.3 m를 한 사람에게 7 m씩 나누어 주려고 합니다. 나누어 줄 수 있는 사람 수와 남는 리본의 길이는 몇 m인가요?

**방법①** 뺄셈식으로 계산하여 구하기

$22.3 - 7 - \boxed{\phantom{0}} - \boxed{\phantom{0}} = \boxed{\phantom{0}}$

나누어 줄 수 있는 사람 수: $\boxed{\phantom{0}}$명

남는 리본의 길이: $\boxed{\phantom{0}}$m

**방법②** 세로로 계산하여 몫을 자연수까지만 구하기

$$7 \overline{)2\ 2.3}$$

나누어 줄 수 있는 사람 수: $\boxed{\phantom{0}}$명

남는 리본의 길이: $\boxed{\phantom{0}}$m

(2)
> 귤 34.7 kg을 한 봉지에 8 kg씩 나누어 담으려고 합니다. 나누어 담을 수 있는 봉지 수와 남는 귤의 양은 몇 kg인가요?

**방법①** 뺄셈식으로 계산하여 구하기

$34.7 - 8 - 8 - \boxed{\phantom{0}} - \boxed{\phantom{0}} = \boxed{\phantom{0}}$

나누어 담을 수 있는 봉지 수: $\boxed{\phantom{0}}$봉지

남는 귤의 양: $\boxed{\phantom{0}}$kg

**방법②** 세로로 계산하여 몫을 자연수까지만 구하기

$$8 \overline{)3\ 4.7}$$

나누어 담을 수 있는 봉지 수: $\boxed{\phantom{0}}$봉지

남는 귤의 양: $\boxed{\phantom{0}}$kg

**2** 나눗셈의 몫을 자연수까지만 구했을 때 몫이 더 작은 것의 기호를 써 보세요.

> ㉠ $37.2 \div 5$ ㉡ $73.6 \div 8$

( )

**3** 물 16.8 L를 한 사람에게 4 L씩 나누어 줄 때 나누어 줄 수 있는 사람 수와 남는 물의 양은 몇 L인지 알아보기 위해 다음과 같이 계산했습니다. 바르게 계산한 사람의 이름을 써 보세요.

 사람 수: 4명
남는 물의 양: 0.8 L
민철

 사람 수: 4명
남는 물의 양: 0.2 L
현경

(              )

**4** 찰흙 50.4 kg을 한 사람에게 8 kg씩 나누어 줄 때 나누어 줄 수 있는 사람 수와 남는 찰흙의 양을 찾아 이어 보세요.

나누어 줄 수 있는 사람 수      남는 찰흙의 양
•             •

•     •     •     •
6명     5명     0.4 kg     2.4 kg

**5** 간장 19.2 L를 한 통에 3 L씩 나누어 담으려고 합니다. 나누어 담을 수 있는 통 수와 남는 간장의 양은 몇 L인지 구해 보세요.

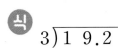
$$3\overline{)1\,9.2}$$

답 나누어 담을 수 있는 통 수: ☐ 통

남는 간장의 양: ☐ L

# 마무리 하기

**1** ☐ 안에 알맞은 수를 써넣으세요.

$$12 \div 2.4 = \frac{\boxed{\phantom{0}}}{10} \div \frac{\boxed{\phantom{0}}}{10} = \boxed{\phantom{0}} \div \boxed{\phantom{0}} = \boxed{\phantom{0}}$$

**2** 31÷1.24의 몫을 찾아 ○표 하세요.

| 24 | 25 |
|----|----|

**3** ☐ 안에 알맞은 수를 써넣으세요.

(1) $35 \div 5 = \boxed{\phantom{0}}$

$35 \div 0.5 = \boxed{\phantom{0}}$

$35 \div 0.05 = \boxed{\phantom{0}}$

(2) $1.12 \div 0.08 = \boxed{\phantom{0}}$

$11.2 \div 0.08 = \boxed{\phantom{0}}$

$112 \div 0.08 = \boxed{\phantom{0}}$

**4** 계산이 잘못된 곳을 찾아 바르게 계산해 보세요.

```
        0.2 5
1.04) 2 6
      2 0 8
        5 2 0
        5 2 0
            0
```

→

```
1.04) 2 6
```

**5** 나눗셈의 몫을 반올림하여 주어진 자리까지 나타내어 보세요.

$$19 \div 6 = 3.166\cdots\cdots$$

| 일의 자리 | 소수 첫째 자리 | 소수 둘째 자리 |
| --- | --- | --- |
| | | |

**6** 몫을 반올림하여 소수 둘째 자리까지 나타내어 보세요.

(1)

$$7 \overline{)2\,6.3}$$

(2)

$$0.9 \overline{)7.5}$$

 (          )          (          )

**7** 빈 곳에 알맞은 수를 써넣으세요.

**8** 42.9÷6의 몫을 자연수까지만 구하고 그때의 나머지를 구하려고 합니다. 바르게 말한 사람의 이름을 써 보세요.

몫은 6이고 나머지는 6.9야. 민석

몫은 7이고 나머지는 0.9야. 주현

(                    )

**9** 밤 38.6 kg을 한 봉지에 9 kg씩 나누어 담을 때 나누어 담을 수 있는 봉지 수와 남는 밤의 양을 구해 보세요.

$$9)\overline{3\ 8.6}$$

나누어 담을 수 있는 봉지 수: ☐봉지

남는 밤의 양: ☐kg

**10** ☐ 안에 들어갈 수 있는 자연수를 모두 구해 보세요.

$$44÷0.8 < ☐ < 29÷0.5$$

(                    )

**11** 나눗셈의 몫이 큰 것부터 차례로 기호를 써 보세요.

㉠ 27÷1.8      ㉡ 72÷4.5      ㉢ 4÷0.16

(                    )

**12** 지민이의 몸무게는 21 kg이고 수연이의 몸무게는 18 kg 입니다. 수연이의 몸무게는 지민이의 몸무게의 몇 배인지 반올림하여 소수 첫째 자리까지 나타내어 보세요.

(           )

**13** 주방 세제를 사기 위해 가게에 갔습니다. 가 세제와 나 세제 중 같은 양을 살 때 더 저렴한 것은 어느 것인지 구해 보세요.

**가 세제**
0.5 L에
3600원

**나 세제**
0.4 L에
3000원

(           )

**빠른 개념 찾기**

틀린 문제는 개념을 다시 확인해 보세요.

30일차 정답 확인

| 개념 | 문제 번호 |
|---|---|
| 26일차  (자연수)÷(소수 한 자리 수) | 1, 3(1), 7, 10, 11, 13 |
| 27일차  (자연수)÷(소수 두 자리 수) | 2, 3, 4, 7, 11 |
| 28일차  몫을 반올림하여 나타내기 | 5, 6, 12 |
| 29일차  나누어 주고 남는 양 알아보기 | 8, 9 |

## $3.45 \div 1\frac{1}{2}$ 은 얼마인지 알아볼까요?

**방법 ①** 소수를 분수로 바꾸어 계산하기

분수의 곱셈으로 바꾸기

$$3.45 \div 1\frac{1}{2} = \frac{345}{100} \div \frac{3}{2} = \frac{345}{100} \times \frac{2}{3} = \frac{23}{10} = 2\frac{3}{10}$$

소수를 분수로 바꾸기

계산 과정에서 약분하여 계산하면 편리해.

**참고** 분수의 나눗셈은 분수의 곱셈으로 바꾸어 계산합니다.

$$\frac{\triangle}{\blacksquare} \div \frac{\bullet}{\bigstar} = \frac{\triangle}{\blacksquare} \times \frac{\bigstar}{\bullet}$$

**개념 확인**

**1** 소수를 분수로 바꾸어 계산하려고 합니다. ☐ 안에 알맞은 수를 써넣으세요.

(1) $0.2 \div \frac{1}{2} = \frac{2}{10} \div \frac{1}{2} = \frac{2}{10} \times \frac{1}{2} = \frac{\Box}{5}$

소수를 분수로 바꾸기

(2) $1.4 \div \frac{2}{3} = \frac{\Box}{10} \div \frac{2}{3} = \frac{\Box}{10} \times \frac{\Box}{2} = \frac{\Box}{10} = \Box\frac{\Box}{10}$

(3) $2.5 \div 1\frac{1}{5} = \frac{\Box}{10} \div \frac{\Box}{5} = \frac{\Box}{10} \times \frac{\Box}{\Box} = \frac{\Box}{12} = \Box\frac{\Box}{12}$

(4) $1.05 \div 1\frac{2}{3} = \frac{\Box}{100} \div \frac{\Box}{3} = \frac{\Box}{100} \times \frac{\Box}{\Box} = \frac{\Box}{100}$

## 방법 ② 분수를 소수로 바꾸어 계산하기

$$3.45 \div 1\frac{1}{2} = 3.45 \div 1.5 = \mathbf{2.3}$$

분수를 소수로 바꾸기

$$1\frac{1}{2} = 1\frac{1 \times 5}{2 \times 5} = 1\frac{5}{10} = 1.5$$

세로로
계산하기

$$\begin{array}{r} 2.3 \\ 1.5{\overline{\smash{\big)}\,3.4\,5}} \\ 3\,0 \\ \hline 4\,5 \\ 4\,5 \\ \hline 0 \end{array}$$

참고 $2\frac{3}{10} = 2.3$이므로 분수를 소수로 바꾸어 계산하거나 소수를 분수로 바꾸어 계산해도 계산 결과는
같습니다.

개념 확인

**2** 분수를 소수로 바꾸어 계산하려고 합니다. ☐ 안에 알맞은 수를 써넣으세요.

(1) $2.2 \div \dfrac{2}{5} = 2.2 \div \dfrac{4}{10} = 2.2 \div \boxed{\phantom{0}} = \boxed{\phantom{0}}$

분수를 소수로 바꾸기

(2) $1.35 \div \dfrac{1}{2} = 1.35 \div \dfrac{\boxed{\phantom{0}}}{10} = 1.35 \div \boxed{\phantom{0}} = \boxed{\phantom{0}}$

(3) $5.25 \div \dfrac{3}{4} = 5.25 \div \dfrac{\boxed{\phantom{0}}}{100} = 5.25 \div \boxed{\phantom{0}} = \boxed{\phantom{0}}$

(4) $21.6 \div 2\dfrac{2}{5} = 21.6 \div 2\dfrac{\boxed{\phantom{0}}}{10} = 21.6 \div \boxed{\phantom{0}} = \boxed{\phantom{0}}$

(5) $2.75 \div 1\dfrac{1}{4} = 2.75 \div 1\dfrac{\boxed{\phantom{0}}}{100} = \boxed{\phantom{0}} \div \boxed{\phantom{0}} = \boxed{\phantom{0}}$

**1** 보기와 같이 소수를 분수로 바꾸어 계산해 보세요.

보기

$$1.9 \div \frac{5}{6} = \frac{19}{10} \div \frac{5}{6} = \frac{19}{\underset{5}{10}} \times \frac{\overset{3}{6}}{5} = \frac{57}{25} = 2\frac{7}{25}$$

(1) $3.1 \div \frac{3}{4}$

(2) $1.16 \div 1\frac{1}{3}$

**2** 보기와 같이 분수를 소수로 바꾸어 계산해 보세요.

보기
$$2.6 \div \frac{1}{2} = 2.6 \div 0.5 = 5.2$$

(1) $2.05 \div \frac{1}{4}$

(2) $8.4 \div 2\frac{2}{5}$

**3** 빈 곳에 알맞은 수를 써넣으세요.

(1)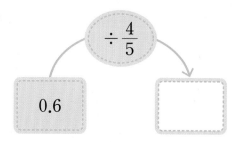

(2)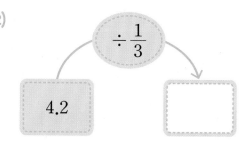

**4** 계산 결과를 찾아 이어 보세요.

$$5.2 \div \frac{4}{5}$$ •

$$2.55 \div \frac{3}{4}$$ •

• 3.4

• 6.5

**5** 계산이 잘못된 곳을 찾아 바르게 계산해 보세요.

$$1.3 \div 2\frac{1}{3} = \frac{13}{10} \div \frac{7}{3} = \frac{13}{10} \times \frac{7}{3} = \frac{91}{30} = 3\frac{1}{30}$$

→ $1.3 \div 2\frac{1}{3}$ _____

**6** 소수를 분수로 나눈 몫을 구해 보세요.

(1)
| 42.4 | $\frac{1}{2}$ |

(        )

(2)
| $2\frac{1}{4}$ | 5.22 |

(        )

**7** 통나무 9.6 m를 한 도막이 $1\frac{1}{5}$ m가 되게 자르려고 합니다. 통나무를 모두 몇 도막으로 자를 수 있나요?

 식 _____

답 _____ 도막

하루한장 앱에서
학습 인증하고
하루템을 모으세요!

(분수)÷(소수)

# $1\frac{2}{5} \div 0.4$는 얼마인지 알아볼까요?

**방법 ①** 분수를 소수로 바꾸어 계산하기

$$1\frac{2}{5} \div 0.4 = 1.4 \div 0.4 = 3.5$$

분수를 소수로 바꾸기

$$1\frac{2}{5} = 1\frac{2 \times 2}{5 \times 2} = 1\frac{4}{10} = 1.4$$

세로로
계산하기

$$0.4) \overline{)1.4\,0}$$

$$\begin{array}{r} 3.5 \\ 0.4)\overline{1.4\,0} \\ \underline{1\,2} \\ 2\,0 \\ \underline{2\,0} \\ 0 \end{array}$$

**참고** (소수 한 자리 수)÷(소수 한 자리 수)는 나누는 수와 나누어지는 수의 소수점을 각각 오른쪽으로 한 자리씩 옮겨서 계산합니다. 몫을 쓸 때 옮긴 소수점의 위치에서 소수점을 찍어야 합니다.

**개념 확인**

**1** 분수를 소수로 바꾸어 계산하려고 합니다. ☐ 안에 알맞은 수를 써넣으세요.

(1) $\frac{1}{4} \div 0.5 = \frac{25}{100} \div 0.5 = \boxed{\phantom{00}} \div 0.5 = \boxed{\phantom{0}}$

분수를 소수로 바꾸기

(2) $3\frac{1}{2} \div 0.7 = 3\frac{5}{10} \div 0.7 = \boxed{\phantom{00}} \div 0.7 = \boxed{\phantom{0}}$

(3) $1\frac{4}{5} \div 1.2 = 1\frac{\boxed{\phantom{0}}}{10} \div 1.2 = \boxed{\phantom{00}} \div 1.2 = \boxed{\phantom{0}}$

(4) $9\frac{3}{4} \div 3.25 = 9\frac{\boxed{\phantom{0}}}{100} \div 3.25 = \boxed{\phantom{00}} \div 3.25 = \boxed{\phantom{0}}$

(5) $4\frac{1}{2} \div 1.8 = 4\frac{\boxed{\phantom{0}}}{10} \div 1.8 = \boxed{\phantom{00}} \div 1.8 = \boxed{\phantom{0}}$

분수의 곱셈으로 바꾸기

$$1\frac{2}{5} \div 0.4 = \frac{7}{5} \div \frac{4}{10} = \frac{7}{\underset{1}{5}} \times \frac{\overset{1}{\underset{2}{10}}}{\underset{2}{4}} = \frac{7}{2} = 3\frac{1}{2}$$

소수를 분수로 바꾸기

계산 과정에서 약분하여 계산하면 편리해.

참고 $3\frac{1}{2} = 3.5$이므로 분수를 소수로 바꾸어 계산하거나 소수를 분수로 바꾸어 계산해도 계산 결과는 같습니다.

개념 확인

**2** 소수를 분수로 바꾸어 계산하려고 합니다. ☐ 안에 알맞은 수를 써넣으세요.

(1) $\dfrac{3}{4} \div 1.2 = \dfrac{3}{4} \div \dfrac{\boxed{\phantom{0}}}{10} = \dfrac{\boxed{\phantom{0}}}{\underset{2}{4}} \times \dfrac{\overset{5}{10}}{\boxed{\phantom{0}}} = \dfrac{\boxed{\phantom{0}}}{8}$

소수를 분수로 바꾸기

(2) $2\dfrac{1}{4} \div 1.1 = \dfrac{\boxed{\phantom{0}}}{4} \div \dfrac{\boxed{\phantom{0}}}{10} = \dfrac{\boxed{\phantom{0}}}{\underset{2}{4}} \times \dfrac{\overset{5}{10}}{\boxed{\phantom{0}}} = \dfrac{\boxed{\phantom{0}}}{22} = \boxed{\phantom{0}}\dfrac{\boxed{\phantom{0}}}{22}$

(3) $2\dfrac{2}{5} \div 1.3 = \dfrac{12}{5} \div \dfrac{13}{10} = \dfrac{12}{\boxed{\phantom{0}}} \times \dfrac{\boxed{\phantom{0}}}{13} = \dfrac{\boxed{\phantom{0}}}{13} = 1\dfrac{\boxed{\phantom{0}}}{13}$

(4) $1\dfrac{1}{3} \div 0.25 = \dfrac{\boxed{\phantom{0}}}{3} \div \dfrac{\boxed{\phantom{0}}}{100} = \dfrac{\boxed{\phantom{0}}}{3} \times \dfrac{\overset{4}{100}}{\boxed{\phantom{0}}} = \dfrac{\boxed{\phantom{0}}}{3} = \boxed{\phantom{0}}\dfrac{\boxed{\phantom{0}}}{3}$

**1** **보기**와 같이 분수를 소수로 바꾸어 계산해 보세요.

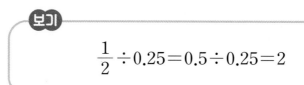

> **보기**
>
> $$\frac{1}{2} \div 0.25 = 0.5 \div 0.25 = 2$$

(1) $6\frac{4}{5} \div 0.8$ _____

(2) $2\frac{3}{4} \div 1.25$ _____

**2** **보기**와 같이 소수를 분수로 바꾸어 계산해 보세요.

> **보기**
>
> $$1\frac{1}{5} \div 0.9 = \frac{6}{5} \div \frac{9}{10} = \frac{\overset{2}{\cancel{6}}}{\underset{1}{\cancel{5}}} \times \frac{\overset{2}{\cancel{10}}}{\underset{3}{\cancel{9}}} = \frac{4}{3} = 1\frac{1}{3}$$

(1) $1\frac{3}{8} \div 1.2$ _____

(2) $7\frac{1}{4} \div 2.32$ _____

**3** 계산 결과를 찾아 색칠해 보세요.

(1)
$$\frac{4}{5} \div 0.3$$

(2)
$$2\frac{1}{4} \div 2.5$$

$2\frac{2}{3}$   $2\frac{4}{5}$

$0.8$   $0.9$

**4** 나눗셈의 몫을 잘못 구한 사람의 이름을 써 보세요.

$5\frac{1}{4} \div 1.4 = 37.5$

$1\frac{1}{6} \div 0.21 = 5\frac{5}{9}$

재윤

다인

(                    )

**5** 빈 곳에 알맞은 수를 써넣으세요.

(1)
$6\frac{4}{5}$ → $\div 1.7$ → ☐

(2)
$\frac{9}{25}$ → $\div 0.3$ → ☐

**6** 나눗셈의 몫을 아래 표에서 찾아 번호 순서대로 글자를 써 보세요.

① $8\frac{1}{2} \div 2.5$    ② $5\frac{3}{5} \div 3.5$    ③ $8\frac{3}{4} \div 1.25$

| 1.6 | 7 | 3.4 |
|---|---|---|
| 옹 | 성 | 철 |

| ① | ② | ③ |
|---|---|---|
|  |  |  |

**7** 우유 $7\frac{1}{5}$ L를 한 사람에게 1.8 L씩 나누어 주려고 합니다. 우유를 모두 몇 명에게 나누어 줄 수 있나요?

 식

답                    명

# 33 <sub></sub>

**33** 일차   괄호가 없는 분수와 소수의 혼합 계산

## $0.3 \div 2\frac{1}{2} + 0.8 \times 1\frac{1}{5}$ 은 얼마인지 알아볼까요?

방법 **①**   소수를 분수로 바꾸어 계산하기

스마트 학습

$$0.3 \div 2\frac{1}{2} + 0.8 \times 1\frac{1}{5} = \frac{3}{10} \div \frac{5}{2} + \frac{8}{10} \times \frac{6}{5} = \frac{3}{10} \times \frac{\overset{1}{2}}{5} + \frac{8}{\underset{5}{10}} \times \frac{\overset{3}{6}}{5}$$

①    ② 

③

$$= \frac{3}{25} + \frac{24}{25} = \frac{27}{25} = 1\frac{2}{25}$$

참고   곱셈 또는 나눗셈을 먼저 계산한 후 덧셈 또는 뺄셈을 앞에서부터 차례로 계산합니다.

---

개념 확인

**1**   가장 먼저 계산해야 하는 부분에 ◯표 하세요.

(1)
$$1\frac{1}{2} + 1.5 \div \frac{2}{5}$$

(2)
$$0.8 \times 3\frac{1}{2} - 1.4$$

(3)
$$\frac{5}{6} \div 0.5 \times 1.2 - \frac{2}{9}$$

(4)
$$2\frac{3}{4} + 1.6 \times 2\frac{1}{5} \div 0.32$$

---

개념 확인

**2**   소수를 분수로 바꾸어 계산하려고 합니다. ☐ 안에 알맞은 수를 써넣으세요.

(1) $1.6 \times 1\frac{1}{4} - 1.3 = \dfrac{\overset{2}{\cancel{16}}}{10} \times \dfrac{5}{\underset{1}{\cancel{4}}} - \boxed{\phantom{0}}\dfrac{\boxed{\phantom{0}}}{10} = \boxed{\phantom{0}} - \boxed{\phantom{0}}\dfrac{\boxed{\phantom{0}}}{10} = \dfrac{\boxed{\phantom{0}}}{10}$

① ②

(2) $1.8 \times \dfrac{1}{6} + 0.6 \div \dfrac{2}{3} = \dfrac{\overset{3}{\cancel{18}}}{10} \times \dfrac{\boxed{\phantom{0}}}{\underset{1}{\cancel{6}}} + \dfrac{\overset{3}{\cancel{6}}}{10} \times \dfrac{\boxed{\phantom{0}}}{\underset{1}{\cancel{2}}} = \dfrac{\boxed{\phantom{0}}}{10} + \dfrac{\boxed{\phantom{0}}}{10}$

$$= \dfrac{\boxed{\phantom{0}}}{10} = \boxed{\phantom{0}}\dfrac{\boxed{\phantom{0}}}{10} = \boxed{\phantom{0}}\dfrac{\boxed{\phantom{0}}}{5}$$

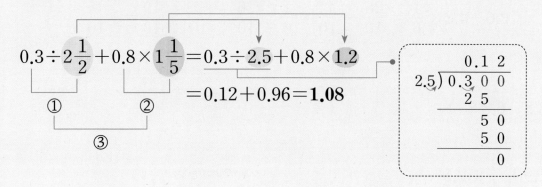

$$0.3 \div 2\frac{1}{2} + 0.8 \times 1\frac{1}{5} = 0.3 \div 2.5 + 0.8 \times 1.2$$
$$= 0.12 + 0.96 = \mathbf{1.08}$$

① ② ③

개념 확인

**3** 가장 먼저 계산해야 하는 부분에 △표 하세요.

(1)
$$6.6 \div 2\frac{2}{5} - 1.75$$

(2)
$$7.12 + 2.4 \times 3\frac{5}{8}$$

(3)
$$2.5 + 1.2 \times \frac{3}{4} \div \frac{3}{10}$$

(4)
$$15.6 + 3.8 \times 2\frac{4}{5} - 8.75$$

개념 확인

**4** 분수를 소수로 바꾸어 계산하려고 합니다. ☐ 안에 알맞은 수를 써넣으세요.

(1) $0.8 \times 1\frac{1}{2} - 0.9 = 0.8 \times \boxed{\phantom{0}} - 0.9$

① ②

$$= \boxed{\phantom{0}} - 0.9 = \boxed{\phantom{0}}$$

(2) $0.6 + 1\frac{2}{5} \div 0.7 = 0.6 + \boxed{\phantom{0}} \div 0.7$

$$= 0.6 + \boxed{\phantom{0}} = \boxed{\phantom{0}}$$

**1** 보기와 같이 소수를 분수로 바꾸어 계산해 보세요.

보기

$$2.6 - 4.2 \times \frac{1}{6} = \frac{26}{10} - \frac{\overset{7}{\cancel{42}}}{10} \times \frac{1}{\underset{1}{\cancel{6}}} = \frac{26}{10} - \frac{7}{10} = \frac{19}{10} = 1\frac{9}{10}$$

(1) $3.8 - 6.3 \times \frac{1}{7}$

(2) $1.9 + \frac{3}{4} \div 2.5$

**2** 보기와 같이 분수를 소수로 바꾸어 계산해 보세요.

보기

$$4.8 \times \frac{4}{5} - 3.7 = 4.8 \times 0.8 - 3.7 = 3.84 - 3.7 = 0.14$$

(1) $8.8 - 2\frac{1}{5} \times 0.2$

(2) $3.75 \div 1\frac{1}{4} + 0.24$

**3** 빈 곳에 알맞은 수를 써넣으세요.

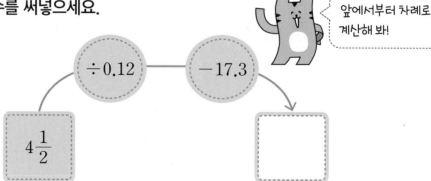

앞에서부터 차례로 계산해 봐!

$÷ 0.12$  $- 17.3$

$4\frac{1}{2}$

**4** 바르게 계산했으면 ○표, 잘못 계산했으면 ✕표 하세요.

(1)
$$7.31 - \frac{3}{10} \times 0.7 = 4.8$$

(    )

(2)
$$9.6 \div 1\frac{3}{5} + 0.33 = 6.33$$

(    )

(3)
$$3.4 \div \frac{1}{2} \times 1.4 = 9.52$$

(    )

(4)
$$8.4 \times \frac{1}{2} \div 0.3 = 41$$

(    )

**5** 사다리를 타고 내려가서 도착한 곳에 계산 결과를 소수로 써넣으세요.

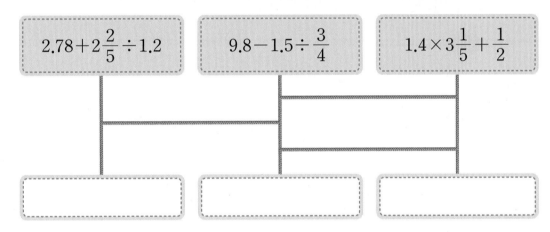

$$2.78 + 2\frac{2}{5} \div 1.2$$

$$9.8 - 1.5 \div \frac{3}{4}$$

$$1.4 \times 3\frac{1}{5} + \frac{1}{2}$$

**6** 준이네 집에 고구마는 $1\frac{1}{5}$ kg 있고 감자는 고구마의 1.4배만큼 있습니다. 준이네 집에 있는 감자 중에서 준이가 0.75 kg을 먹었다면 남은 감자는 몇 kg인지 하나의 식으로 나타내어 구해 보세요.

식

답 _____ kg

## 34<sup>일차</sup> 괄호가 있는 분수와 소수의 혼합 계산

# $5\dfrac{3}{4}-(2.7+\dfrac{11}{20})\div1.3$은 얼마인지 알아볼까요?

**방법 ①** 분수를 소수로 바꾸어 계산하기

스마트 학습

$$5\dfrac{3}{4}-\left(2.7+\dfrac{11}{20}\right)\div1.3=5.75-(2.7+0.55)\div1.3$$
$$=5.75-3.25\div1.3$$
$$=5.75-2.5$$
$$=\mathbf{3.25}$$

① ② ③

$$3.25\div1.3=2.5$$
100배  100배
$$325\div130=2.5$$

**참고** ( )가 있는 분수와 소수의 혼합 계산은 ( )안을 먼저 계산합니다.

---

**개념 확인**

**1** **보기**와 같이 계산 순서를 나타내어 보세요.

**보기**

$$2.7+\left(1\dfrac{2}{5}-0.4\right)\times0.2$$

① ② ③

$$\left(5.1-3\dfrac{1}{2}\right)\times0.7+4\dfrac{1}{4}$$

---

**개념 확인**

**2** 분수를 소수로 바꾸어 계산하려고 합니다. ☐ 안에 알맞은 수를 써넣으세요.

(1) $\left(\dfrac{2}{5}+0.5\right)\div1.2=\left(\boxed{\phantom{0}}+0.5\right)\div1.2$

① ②

$$=\boxed{\phantom{0}}\div1.2=\boxed{\phantom{0}}$$

(2) $1.5\times\left(3.8+\dfrac{3}{5}\right)=1.5\times\left(3.8+\boxed{\phantom{0}}\right)$

$$=1.5\times\boxed{\phantom{0}}=\boxed{\phantom{0}}$$

$$5\frac{3}{4}-\left(2.7+\frac{11}{20}\right)\div1.3=5\frac{3}{4}-\left(2\frac{7}{10}+\frac{11}{20}\right)\div\frac{13}{10}$$

①　②　③

$$=5\frac{3}{4}-3\frac{1}{4}\div\frac{13}{10}=5\frac{3}{4}-\frac{\overset{1}{\cancel{13}}}{\underset{2}{\cancel{4}}}\times\frac{\overset{5}{\cancel{10}}}{\underset{1}{\cancel{13}}}$$

$$=5\frac{3}{4}-2\frac{1}{2}=5\frac{3}{4}-2\frac{2}{4}=3\frac{1}{4}$$

**개념 확인**

**3** 보기 와 같이 계산 순서를 나타내어 보세요.

보기

$$1\frac{1}{3}\div\left(\frac{4}{5}-0.3\right)+0.2$$

①　②　③

$$10\frac{5}{6}-\left(0.12+\frac{2}{5}\right)\div\frac{4}{25}$$

**개념 확인**

**4** 소수를 분수로 바꾸어 계산하려고 합니다. ◯ 안에 알맞은 수를 써넣으세요.

(1) $$\left(\frac{3}{5}+0.4\right)\times\frac{1}{3}=\left(\frac{3}{5}+\frac{\square}{10}\right)\times\frac{1}{3}=\frac{\overset{\square}{\cancel{\square}}}{\underset{1}{10}}\times\frac{1}{3}=\frac{\square}{\square}$$

①　②

(2) $$9\frac{1}{2}\div\left(6.7-4\frac{1}{5}\right)=9\frac{1}{2}\div\left(6\frac{\square}{10}-4\frac{1}{5}\right)=9\frac{1}{2}\div2\frac{\square}{2}$$

$$=\frac{19}{2}\div\frac{\square}{2}=19\div\square=\frac{19}{\square}=\square\frac{\square}{\square}$$

**1** **보기** 와 같이 계산 순서를 나타내고 분수를 소수로 바꾸어 계산해 보세요.

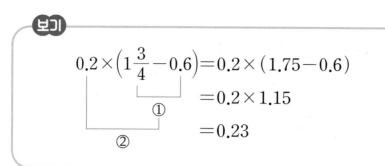

보기

$$0.2 \times \left(1\frac{3}{4} - 0.6\right) = 0.2 \times (1.75 - 0.6)$$
$$= 0.2 \times 1.15$$
$$= 0.23$$

(1)

$$1\frac{4}{5} \div \left(0.25 + 1\frac{1}{4}\right)$$

(2)

$$\left(3.1 - \frac{1}{2}\right) \times 2.5$$

**2**  다음 식의 계산 결과는 어느 것인가요? ·········································· (　　　　)

$$2.1 + \left(3\frac{3}{4} - 2.25\right) \div \frac{1}{2}$$

① 4.5　　　② 5.1　　　③ 5.6　　　④ 6.3　　　⑤ 7.2

**3**  계산해 보세요.

(1) $\left(2.55 + 2\frac{1}{4}\right) \div \frac{4}{5} - 1.7$ 　　　　(2) $0.4 \times \left(3\frac{1}{2} - 1.45\right) \div \frac{1}{5}$

**4** 계산이 잘못된 곳을 찾아 바르게 계산해 보세요.

$$1.2 \times \left(0.2 + \frac{2}{5}\right) = 1.2 \times (0.2 + 0.4) = 0.24 + 0.4 = 0.64$$

➜ $1.2 \times \left(0.2 + \frac{2}{5}\right)$ _____

**5** 계산 결과가 $2.1$인 식을 말한 사람의 이름을 써 보세요.

$\left(4.75 + 2\frac{1}{5}\right) \div 2.5$

선호

$9.1 \div \left(3.8 - 2\frac{1}{2}\right) \times 0.3$

윤희

(            )

**6** 계산 결과가 더 작은 것의 기호를 써 보세요.

$$\bigcirc \left(5\frac{3}{5} - 2.8\right) \div 0.4 \qquad \bigcirc 1.5 \times \left(3\frac{1}{2} + 2.1\right)$$

(            )

**7** 검은색 페인트 $3\frac{1}{4}$ L와 흰색 페인트 $6.15$ L를 섞어서 회색 페인트를 만들었습니다. 만든 회색 페인트의 $\frac{1}{2}$만큼 사용했다면 사용한 페인트는 몇 L인지 하나의 식으로 나타내어 구해 보세요.

_____

 _____ L

**1** 소수를 분수로 바꾸어 계산하려고 합니다. ☐ 안에 알맞은 수를 써넣으세요.

$$3.4 \div \frac{2}{3} = \frac{\boxed{\phantom{0}}}{10} \div \frac{2}{3} = \frac{\boxed{\phantom{0}}}{10} \times \frac{\boxed{\phantom{0}}}{2} = \frac{\boxed{\phantom{0}}}{10} = \boxed{\phantom{0}}\frac{\boxed{\phantom{0}}}{10}$$

**2** 분수를 소수로 바꾸어 계산하려고 합니다. ☐ 안에 알맞은 수를 써넣으세요.

$$\frac{3}{4} \div 0.25 = \frac{\boxed{\phantom{0}}}{100} \div 0.25 = \boxed{\phantom{0}} \div 0.25 = \boxed{\phantom{0}}$$

**3** 보기와 같이 계산해 보세요.

> **보기**
>
> $$1.5 \times \left(1\frac{1}{2} - 0.6\right) = 1.5 \times (1.5 - 0.6) = 1.5 \times 0.9 = 1.35$$

$$2.3 \times \left(1\frac{4}{5} - 1.3\right)$$

_____

**4** 빈 곳에 분수를 소수로 나눈 몫을 분수로 써넣으세요.

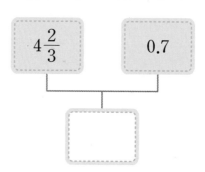

**5** 계산 결과가 자연수인 것에 ◯표 하세요.

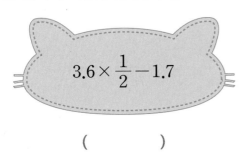

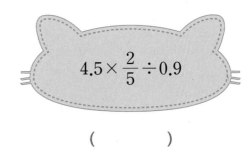

(      )                        (      )

**6** 빈 곳에 $5.25$를 $2\dfrac{1}{2}$과 $\dfrac{3}{4}$으로 각각 나눈 몫을 써넣으세요.

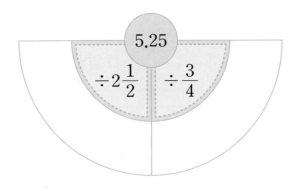

**7** 계산 결과를 찾아 이어 보세요.

$\left(3\dfrac{1}{2}-0.8\right)\div 0.9$    •

$1.6\times\left(\dfrac{4}{5}+1.2\right)\div 0.2$    •

•   6.4

•   16

•   3

**8** 빈 곳에 알맞은 소수를 써넣으세요.

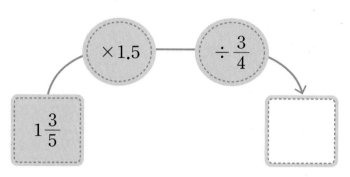

**9** 크기를 비교하여 ◯ 안에 >, =, <를 알맞게 써넣으세요.

$$2.09 \div \left( \frac{1}{2} \times 1.9 \right) - 1.7 \qquad \bigcirc \qquad 1$$

**10** 마름모의 넓이는 몇 $\text{cm}^2$인가요?

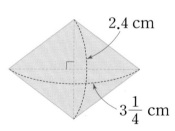

2.4 cm

$3\frac{1}{4}$ cm

(                    )

**11** 색 테이프 $10.8$ m를 한 사람에게 $1\dfrac{4}{5}$ m씩 나누어 주려고 합니다. 색 테이프를 몇 명까지 나누어 줄 수 있나요?

────────────────── $10.8$ m ──────────────────

(          )

**12** 수도에서 물이 $3\dfrac{1}{2}$ 시간 동안 $1.4$ L 나왔습니다. 물이 일정하게 나왔다면 물 $1$ L가 나오는 데 걸린 시간은 몇 시간 몇 분인가요?

(          )

빠른
개념 찾기

틀린 문제는 개념을
다시 확인해 보세요.

35일차
정답 확인

| 개념 | 문제 번호 |
|---|---|
| 31일차 (소수)÷(분수) | 1, 6, 11 |
| 32일차 (분수)÷(소수) | 2, 4, 12 |
| 33일차 괄호가 없는 분수와 소수의 혼합 계산 | 5, 8, 10 |
| 34일차 괄호가 있는 분수와 소수의 혼합 계산 | 3, 7, 9 |

# 문장제 해결력 강화

# 문제 해결의 길잡이

**문해길 시리즈**는

문장제 해결력을 키우는 상위권 수학 학습서입니다.

문해길은 8가지 문제 해결 전략을 익히며

수학 사고력을 향상하고,

수학적 성취감을 맛보게 합니다.

이런 성취감을 맛본 아이는

수학에 자신감을 갖습니다.

수학의 자신감, 문해길로 이루세요.

문해길 원리를 공부하고, 문해길 심화에 도전해 보세요!
원리로 닦은 실력이 심화에서 빛이 납니다.

| 문해길 **원리** | 문해길 **심화** |
|---|---|
| 문장제 해결력 강화 | 고난도 유형 해결력 완성 |
| 1~6학년 학기별 [총12책] | 1~6학년 학년별 [총6책] |

# 하루 한장

## 공부력 강화 프로그램

공부력은 초등 시기에 갖춰야 하는 기본 학습 능력입니다.

공부력이 탄탄하면 언제든지 학습에서 두각을 나타낼 수 있습니다.

초등 교과서 발행사 미래엔의 공부력 강화 프로그램은

초등 시기에 다져야 하는 공부력 향상 교재입니다.

하루 한장 쏙셈 초등 수학 3-1 5

**비법 ❶**
쏙셈으로 다지는 교과서 기본 학습

초등 수학의 핵심인 연산능력과, 쏙셈은 교과서 연계하여 이해하게 할 연산 문제를 구성하여 초등 수학의 기초 실력을 다져 줍니다.

**비법 ❷**
원리로 탄탄하는 탄탄한 연산 실력

수학은 수의 구조와 관계를 탐구하는 과목입니다. 쏙셈은 연산 원리 학습을 통해 연산 과정을 숙달하고 수의 구조와 관계를 익힙니다.

**비법 ❸**
재미를 통한 수학적 창의 향상

다른 그림 찾기, 숨은 그림 찾기가 창의력을 키우다는 사실을 아시나요? 쏙셈은 재미있으며, 다양한 재미를 정보적합 향상시킵니다.

**하루 한장 학습 관리 앱**
손쉬운 학습 관리로 올바른 공부 습관을 키워요!

Mirae N 에듀

하루 한장 창의력 쏙셈 초등 3-1 5

- 교과서 연계 학습
- 연산 응용력 향상
- 문장제 집중 훈련

**하루 한장 학습 관리 앱**
손쉬운 학습 관리로 올바른 공부 습관을 키워요!

Mirae N 에듀

하루
한장 쏙셈 소수

2권

바른답·
알찬풀이

- 초등 3~6학년 분수·소수의 개념과 연산 원리를 집중 훈련
- 스마트 학습으로 직접 조작하며 원리를 쉽게 이해하고 활용

# 하루 한장 쏙셈 소수

## 2권

## 바른답·
## 알찬풀이

## 1장 소수의 곱셈

8~9쪽

### 01 일차

**개념 확인**

1 (1) 7, 14, 1.4
  (2) 5, 5, 15, 1.5
  (3) 2, 2, 16, 1.6
  (4) 11, 11, 44, 0.44
  (5) 3, 12, 3, 12, 36, 3.6
  (6) 42, 3, 42, 3, 126, 1.26

2 (1) 2.8
  (2) 9, 6, 54, 5.4
  (3) 5, 5, 25, 2.5
  (4) 2, 16, 32, 3.2
  (5) 3, 96, 0.96
  (6) 12, 4, 48, 0.48

1 소수를 분수로 바꾸어 계산합니다. 이때 소수 한 자리 수는 분모가 10인 분수로, 소수 두 자리 수는 분모가 100인 분수로 바꾸어 계산합니다. 계산 결과는 다시 소수로 바꿔서 나타냅니다.

2 (1) 0.4는 0.1이 4개입니다. $0.4 \times 7$은 0.1이 $4 \times 7 = 28$(개)이므로 $0.4 \times 7 = 2.8$입니다.
  (2) 0.9는 0.1이 9개입니다. $0.9 \times 6$은 0.1이 $9 \times 6 = 54$(개)이므로 $0.9 \times 6 = 5.4$입니다.
  (3) 0.5는 0.1이 5개입니다. $0.5 \times 5$는 0.1이 $5 \times 5 = 25$(개)이므로 $0.5 \times 5 = 2.5$입니다.
  (4) 0.2는 0.1이 2개입니다. $0.2 \times 16$은 0.1이 $2 \times 16 = 32$(개)이므로 $0.2 \times 16 = 3.2$입니다.
  (5) 0.32는 0.01이 32개입니다. $0.32 \times 3$은 0.01이 $32 \times 3 = 96$(개)이므로 $0.32 \times 3 = 0.96$입니다.
  (6) 0.12는 0.01이 12개입니다. $0.12 \times 4$는 0.01이 $12 \times 4 = 48$(개)이므로 $0.12 \times 4 = 0.48$입니다.

---

**기본 다지기**

10~11쪽

1 (1) 4.8    (2) 0.8    (3) 2.1
  (4) 3.9    (5) 2.45   (6) 2.88

2 (1) $0.3 \times 11 = \dfrac{3}{10} \times 11 = \dfrac{33}{10} = 3.3$

  (2) $0.26 \times 2 = \dfrac{26}{100} \times 2 = \dfrac{52}{100} = 0.52$

3 5 / 13, 65 / 6.5

4 (1) 1.6 / 0.64    (2) 5.4 / 0.72

5 •───•
   ╳
  •───•

6 (1) $<$
  (2) $>$

7 ㉢

8 $0.24 \times 7 = 1.68$ / 1.68

---

1 (1) $0.6 \times 8 = 0.1 \times 6 \times 8 = 0.1 \times 48 = 4.8$
  (2) $0.4 \times 2 = 0.1 \times 4 \times 2 = 0.1 \times 8 = 0.8$
  (3) $0.7 \times 3 = 0.1 \times 7 \times 3 = 0.1 \times 21 = 2.1$
  (4) $0.3 \times 13 = 0.1 \times 3 \times 13 = 0.1 \times 39 = 3.9$
  (5) $0.35 \times 7 = \dfrac{35}{100} \times 7 = \dfrac{245}{100} = 2.45$
  (6) $0.72 \times 4 = \dfrac{72}{100} \times 4 = \dfrac{288}{100} = 2.88$

3 $0.5 \times 13 = 0.1 \times 5 \times 13 = 0.1 \times 65 = 6.5$

4 (1) • $0.4 \times 4 = 1.6$    • $0.16 \times 4 = 0.64$
  (2) • $0.9 \times 6 = 5.4$    • $0.12 \times 6 = 0.72$

5 • $0.16 \times 8 = 1.28$    • $0.64 \times 20 = 12.8$

6 (1) $0.36 \times 7 = 2.52$ ➜ $2.52 < 3$
  (2) $0.51 \times 2 = 1.02$ ➜ $1.02 > 1$

7 ㉠ $0.15 + 0.15 + 0.15 = 0.45$
  ㉡ $0.15 \times 3 = \dfrac{15}{100} \times 3 = \dfrac{45}{100} = 0.45$
  ㉢ $0.3 \times 15 = \dfrac{3}{10} \times 15 = \dfrac{45}{10} = 4.5$
  ㉣ $\dfrac{3}{100} \times 15 = \dfrac{45}{100} = 0.45$

8 (수영이가 오늘 마신 물의 양)
  $=$ (한 번에 마신 물의 양) × (마신 횟수)
  $= 0.24 \times 7 = 1.68$ (L)

**1** **(1)** 15, 45, 4.5
　　**(2)** 27, 27, 54, 5.4
　　**(3)** 321, 321, 1284, 12.84
　　**(4)** 12, 12, 7, 84, 8.4
　　**(5)** 43, 5, 43, 5, 215, 21.5
　　**(6)** 218, 6, 218, 6, 1308, 13.08

**2** **(1)** 55, 5.5　　　　**(2)** 852, 8.52
　　**(3)** 42, 4.2　　　　**(4)** 125, 12.5
　　**(5)** 256, 25.6　　　**(6)** 352, 3.52

**1** 소수를 분수로 바꾸어 계산합니다. 이때 소수 한 자리 수는 분모가 10인 분수로, 소수 두 자리 수는 분모가 100인 분수로 바꾸어 계산합니다. 계산 결과는 다시 소수로 바꿔서 나타냅니다.

**2** 곱해지는 수가 $\frac{1}{10}$배, $\frac{1}{100}$배가 되면 계산 결과도 $\frac{1}{10}$배, $\frac{1}{100}$배가 됩니다.

**1** **(1)** 5.4　　**(2)** 2.6　　**(3)** 24.5
　　**(4)** 8.68　**(5)** 4.52　**(6)** 24.5

**2** **(1)** $6.3 \times 3 = \frac{63}{10} \times 3 = \frac{189}{10} = 18.9$

　　**(2)** $1.39 \times 5 = \frac{139}{100} \times 5 = \frac{695}{100}$
　　　　　　$= 6.95$

**3** **(1)** 16.8　　　　　**(2)** 35.84
　　**(3)** 9.5　　　　　**(4)** 20.64

**4** **(1)** ○　　　　　**(2)** ○
　　　　○　　　　　　　　○

---

**5** (앞에서부터) 28.8, 3.1, 36.4

**6** 혜성

**7** $6.38 \times 3 = 19.14$ / 19.14

**1** **(1)** 　　18　　　　　　　1.8
　　　　× 　3　→　× 　3
　　　　　54　　　　　　　5.4

　**(2)** $1.3 \times 2 = \frac{13}{10} \times 2 = \frac{26}{10} = 2.6$

　**(3)** 　　35　　　　　　　3.5
　　　　× 　7　→　× 　7
　　　　　245　　　　　　2 4.5

　**(4)** $2.17 \times 4 = \frac{217}{100} \times 4 = \frac{868}{100} = 8.68$

　**(5)** 　　226　　　　　　2.2 6
　　　　× 　　2　→　× 　　2
　　　　　452　　　　　　4.5 2

　**(6)** $4.9 \times 5 = \frac{49}{10} \times 5 = \frac{245}{10} = 24.5$

**참고** 분수의 곱셈, 자연수의 곱셈 중 편리한 방법을 이용하여 계산할 수 있습니다.

**3** **(1)** $2.8 \times 6 = 16.8$
　　**(2)** $5.12 \times 7 = 35.84$
　　**(3)** $1.9 \times 5 = 9.5$
　　**(4)** $2.58 \times 8 = 20.64$

**4** **(1)** 　　7.4　　　**(2)** 　　5.9 6
　　　　×　6　　　　　　　×　　5
　　　　4 4.4　　　　　　2 9.8 0̸

**5** •$9.1 \times 4 = 36.4$　　•$1.55 \times 2 = 3.1$
　　•$3.6 \times 8 = 28.8$

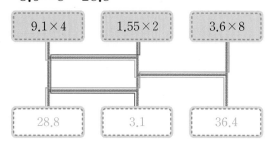

**6** 혜성: $5.2 \times 8 = 41.6$　수림: $4.7 \times 9 = 42.3$
　→ $41.6 < 42.3$

**7** (전체 색연필의 무게)
　　= (색연필 한 자루의 무게) × (색연필의 수)
　　= $6.38 \times 3 = 19.14$ (g)

**1** **(1)** 5, 15, 1.5

     **(2)** 3, 3, 6, 0.6

     **(3)** 7, 7, 77, 7.7

     **(4)** 32, 4, 32, 128, 1.28

     **(5)** 13, 6, 13, 6, 78, 7.8

     **(6)** 9, 41, 9, 41, 369, 3.69

**2** **(1)** 24, 2.4      **(2)** 275, 2.75

     **(3)** 62, 6.2      **(4)** 175, 17.5

     **(5)** 152, 15.2      **(6)** 2718, 27.18

**1** 소수를 분수로 바꾸어 계산합니다. 이때 소수 한 자리 수는 분모가 10인 분수로, 소수 두 자리 수는 분모가 100인 분수로 바꾸어 계산합니다. 계산 결과는 다시 소수로 바꿔서 나타냅니다.

**2** 곱하는 수가 $\frac{1}{10}$배, $\frac{1}{100}$배가 되면 계산 결과도 $\frac{1}{10}$배, $\frac{1}{100}$배가 됩니다.

**1** **(1)** 0.8    **(2)** 7.2    **(3)** 5.1

     **(4)** 2.08    **(5)** 11.76    **(6)** 5.28

**2** **(1)** $19 \times 0.6 = 19 \times \frac{6}{10} = \frac{114}{10}$

                 $= 11.4$

   **(2)** $48 \times 0.02 = 48 \times \frac{2}{100} = \frac{96}{100}$

                 $= 0.96$

**3** **(1)**

| 2.7 | 2.9 |

   **(2)**

| 0.98 | 9.8 |

   **(3)**

| 2.56 | 2.46 |

   **(4)**

| 2.42 | 24.2 |

**4**

**5** ㉡

**6** **(1)** 26.8      **(2)** 4.08

**7** $5 \times 0.7 = 3.5$ / 3.5

**1** **(1)**

$\begin{array}{r} 2 \\ \times\ 4 \\ \hline 8 \end{array}$ ➔ $\begin{array}{r} 2 \\ \times\ 0.4 \\ \hline 0.8 \end{array}$

   **(2)** $9 \times 0.8 = 9 \times \frac{8}{10} = \frac{72}{10} = 7.2$

   **(3)**

$\begin{array}{r} 1\ 7 \\ \times\ \ \ 3 \\ \hline 5\ 1 \end{array}$ ➔ $\begin{array}{r} 1\ 7 \\ \times\ 0.3 \\ \hline 5.1 \end{array}$

   **(4)** $4 \times 0.52 = 4 \times \frac{52}{100} = \frac{208}{100} = 2.08$

   **(5)**

$\begin{array}{r} 4\ 2 \\ \times\ \ 2\ 8 \\ \hline 1\ 1\ 7\ 6 \end{array}$ ➔ $\begin{array}{r} 4\ 2 \\ \times\ 0.2\ 8 \\ \hline 1\ 1.7\ 6 \end{array}$

   **(6)** $33 \times 0.16 = 33 \times \frac{16}{100} = \frac{528}{100} = 5.28$

**참고** 분수의 곱셈, 자연수의 곱셈 중 편리한 방법을 이용하여 계산할 수 있습니다.

**3** **(1)** $3 \times 0.9 = 2.7$

   **(2)** $14 \times 0.7 = 9.8$

   **(3)** $8 \times 0.32 = 2.56$

   **(4)** $121 \times 0.02 = 2.42$

**4** • $11 \times 0.18 = 1.98$

   • $25 \times 0.7 = 17.5$

   • $6 \times 0.62 = 3.72$

**5** ㉠ $\begin{array}{r} 7\ 5 \\ \times\ 0.0\ 4 \\ \hline 3.0\ \cancel{0} \end{array}$    ㉡ $\begin{array}{r} 1\ 3 \\ \times\ 0.2\ 6 \\ \hline 3.3\ 8 \end{array}$ ➔ $3 < 3.38$

**6** **(1)** $67 > 32 > 0.4$ ➔ $67 \times 0.4 = 26.8$

   **(2)** $8 > 6 > 0.51$ ➔ $8 \times 0.51 = 4.08$

**7** (고양이의 무게) = (강아지의 무게) $\times 0.7$

                $= 5 \times 0.7 = 3.5$ (kg)

**개념 확인** 20~21쪽

**1** (1) 12, 36, 3.6
(2) 25, 25, 175, 17.5
(3) 413, 413, 2065, 20.65
(4) 73, 2, 73, 146, 14.6
(5) 4, 357, 4, 357, 1428, 14.28
(6) 6, 219, 6, 219, 1314, 131.4

**2** (1) 28, 2.8 　　(2) 375, 3.75
(3) 115, 11.5 　　(4) 252, 25.2
(5) 198, 19.8 　　(6) 1648, 16.48

**1** 소수를 분수로 바꾸어 계산합니다. 이때 소수 한 자리 수는 분모가 10인 분수로, 소수 두 자리 수는 분모가 100인 분수로 바꾸어 계산합니다. 계산 결과는 다시 소수로 바꿔서 나타냅니다.

**2** 곱하는 수가 $\frac{1}{10}$배, $\frac{1}{100}$배가 되면 계산 결과도 $\frac{1}{10}$배, $\frac{1}{100}$배가 됩니다.

**기본 다지기** 22~23쪽

**1** (1) 4.8 　　(2) 27.9 　　(3) 77.5
(4) 61.2 　　(5) 12.78 　　(6) 9.94

**2** (1) $29 \times 2.2 = 29 \times \frac{22}{10} = \frac{638}{10}$
$= 63.8$

(2) $6 \times 7.03 = 6 \times \frac{703}{100} = \frac{4218}{100}$
$= 42.18$

**3** (1) (위에서부터) 24.5, 10.65
(2) (위에서부터) 31.5, 186

**4** ㉠ / 142.8 　　**5** 44.4

**6** (앞에서부터) 3, 1, 2

**7** $2 \times 1.8 = 3.6$ / 3.6

---

**1** (1)
$$\begin{array}{r} 2 \\ \times\,2\,4 \\ \hline 4\,8 \end{array} \rightarrow \begin{array}{r} 2 \\ \times\,2.4 \\ \hline 4.8 \end{array}$$

(2) $9 \times 31 = 279$
$\Big\downarrow \frac{1}{10}$배 　$\Big\downarrow \frac{1}{10}$배
$9 \times 3.1 = 27.9$

**다른풀이** 분수의 곱셈을 이용하여 계산할 수도 있습니다.

(2) $9 \times 3.1 = 9 \times \frac{31}{10} = \frac{279}{10} = 27.9$

(3)
$$\begin{array}{r} 2\,5 \\ \times\,3\,1 \\ \hline 7\,7\,5 \end{array} \rightarrow \begin{array}{r} 2\,5 \\ \times\,3.1 \\ \hline 7\,7.5 \end{array}$$

(4) $34 \times 18 = 612$
$\Big\downarrow \frac{1}{10}$배 　$\Big\downarrow \frac{1}{10}$배
$34 \times 1.8 = 61.2$

(5)
$$\begin{array}{r} 3 \\ \times\,4\,2\,6 \\ \hline 1\,2\,7\,8 \end{array} \rightarrow \begin{array}{r} 3 \\ \times\,4.2\,6 \\ \hline 1\,2.7\,8 \end{array}$$

(6) $7 \times 142 = 994$
$\Big\downarrow \frac{1}{100}$배 　$\Big\downarrow \frac{1}{100}$배
$7 \times 1.42 = 9.94$

**참고** 분수의 곱셈, 자연수의 곱셈 중 편리한 방법을 이용하여 계산할 수 있습니다.

**3** (1) ・ $5 \times 4.9 = 24.5$
・ $5 \times 2.13 = 10.65$
(2) ・ $30 \times 1.05 = 31.5$
・ $30 \times 6.2 = 186$

**4** ㉠ $28 \times 51 = 1428$
$\Big\downarrow \frac{1}{10}$배 　$\Big\downarrow \frac{1}{10}$배
$28 \times 5.1 = 142.8$

**5** 0.1이 37개인 수는 3.7입니다.
➜ $12 \times 3.7 = 44.4$

**6**
$$\begin{array}{r} 7 \\ \times\,1.0\,8 \\ \hline 7.5\,6 \end{array} \quad \begin{array}{r} 1\,6 \\ \times\,4.2 \\ \hline 6\,7.2 \end{array} \quad \begin{array}{r} 3 \\ \times\,2\,1.3 \\ \hline 6\,3.9 \end{array}$$
➜ $67.2 > 63.9 > 7.56$

**7** (우유의 양) = (주스의 양) $\times 1.8$
$= 2 \times 1.8 = 3.6$ (L)

## 마무리 **하기**

24~27쪽

---

**1** (1) 6, 6, 2, 12, 1.2
  (2) 231, 3, 231, 693, 6.93

**2** (1) (위에서부터) 336, 100, 3.36
  (2) 328, 32.8

**3** (1) 14.5   (2) 3.01

**4** ㉢   **5** 선우

**6**

**7** (1) 7.2   (2) 16.83

**8** $6 \times 0.24 = 6 \times \dfrac{24}{100} = \dfrac{6 \times 24}{100}$
  $= \dfrac{144}{100} = 1.44$

**9** <   **10** 1, 2, 3

**11** 1.38 L   **12** 36.8 cm

**13** 1500 m

---

**1** 소수 한 자리 수는 분모가 10인 분수로, 소수 두 자리 수는 분모가 100인 분수로 바꾸어 계산합니다.

**3** (1)
$$\begin{array}{r} 2\,9 \\ \times\quad 5 \\ \hline 1\,4\,5 \end{array} \rightarrow \begin{array}{r} 2.9 \\ \times\quad 5 \\ \hline 1\,4.5 \end{array}$$
  (2)
$$\begin{array}{r} 7 \\ \times\ 4\,3 \\ \hline 3\,0\,1 \end{array} \rightarrow \begin{array}{r} 7 \\ \times\ 0.4\,3 \\ \hline 3.0\,1 \end{array}$$

**4** $0.9 + 0.9 + 0.9 = 0.9 \times 3 = \dfrac{9}{10} \times 3$
  $= \dfrac{27}{10} = 2.7$

참고 소수 한 자리 수는 분모가 10인 분수로 바꾸어 계산합니다.

**5** 민재: $34 \times 0.08 = 34 \times \dfrac{8}{100} = \dfrac{272}{100}$
    $= 2.72$
  선우: $5 \times 0.9 = 5 \times \dfrac{9}{10} = \dfrac{45}{10} = 4.5$

**6** ・$0.6 \times 4 = 2.4$
  ・$20 \times 0.65 = 13$
  ・$11 \times 1.7 = 18.7$

**7** (1)
$$\begin{array}{r} 3\,6 \\ \times\quad 2 \\ \hline 7\,2 \end{array} \rightarrow \begin{array}{r} 3\,6 \\ \times\ 0.2 \\ \hline 7.2 \end{array}$$
  (2)
$$\begin{array}{r} 5\,6\,1 \\ \times\qquad 3 \\ \hline 1\,6\,8\,3 \end{array} \rightarrow \begin{array}{r} 5.6\,1 \\ \times\qquad 3 \\ \hline 1\,6.8\,3 \end{array}$$

**8** 소수 두 자리 수는 분모가 100인 분수로 바꾸어 계산합니다.

**9** ・$32 \times 1.16 = 37.12$
  ・$2.5 \times 15 = 37.5$
  ➜ $37.12 < 37.5$

**10** $0.26 \times 13 = 3.38$
  ➜ $3.38 > \square$이므로 $\square$ 안에 들어갈 수 있는 자연수는 1, 2, 3입니다.

참고 3.38은 3보다 크고 4보다 작습니다.

**11** (전체 물의 양)
  = (한 컵에 들어 있는 물의 양) × (컵의 수)
  = $0.23 \times 6 = 1.38$ (L)

**12** 마름모는 네 변의 길이가 모두 같습니다.
  ➜ (마름모의 네 변의 길이의 합)
    = $9.2 \times 4 = 36.8$ (cm)

**13** 2바퀴 반은 2.5바퀴입니다.
  ➜ (전체 달린 거리)
    = (운동장 한 바퀴의 거리) × (바퀴의 수)
    = $600 \times 2.5 = 1500$ (m)

## 개념 확인 28~29쪽

**1**
(1) 3, 27, 0.27
(2) 6, 6, 12, 0.12
(3) 15, 15, 60, 0.06
(4) 31, $\dfrac{8}{10}$, $\dfrac{31\times 8}{100\times 10}$, $\dfrac{248}{1000}$, 0.248
(5) 43, $\dfrac{19}{100}$, $\dfrac{43\times 19}{100\times 100}$, $\dfrac{817}{10000}$, 0.0817

**2**
(1) 25, 0.25
(2) 24, 100, 0.24
(3) 117, 1000, 0.117
(4) 1215, 0.1215
(5) 72, 0.72
(6) 74, 0.074

**1** 소수를 분수로 바꾸어 계산합니다. 이때 소수 한 자리 수는 분모가 10인 분수로, 소수 두 자리 수는 분모가 100인 분수로 바꾸어 계산합니다. 계산 결과는 다시 소수로 바꿔서 나타냅니다.

**참고** 진분수끼리의 곱셈에서 분모는 분모끼리, 분자는 분자끼리 곱하여 계산합니다.

$$\dfrac{\triangle}{\blacksquare}\times\dfrac{\bigstar}{\bullet}=\dfrac{\triangle\times\bigstar}{\blacksquare\times\bullet}$$

**2** (1), (2) 곱하는 두 수가 각각 $\dfrac{1}{10}$배, $\dfrac{1}{10}$배가 되면 계산 결과는 $\dfrac{1}{100}$배가 됩니다.

(3) 곱하는 두 수가 각각 $\dfrac{1}{10}$배, $\dfrac{1}{100}$배가 되면 계산 결과는 $\dfrac{1}{1000}$배가 됩니다.

(4) 곱하는 두 수가 각각 $\dfrac{1}{100}$배, $\dfrac{1}{100}$배가 되면 계산 결과는 $\dfrac{1}{10000}$배가 됩니다.

(5), (6) 자연수의 곱셈으로 계산한 후 곱의 알맞은 위치에 소수점을 찍습니다.

## 기본 다지기

**1**
(1) 0.08  (2) 0.35  (3) 0.126
(4) 0.042  (5) 0.0153  (6) 0.0648

**2**
(1) $0.3\times 0.15=\dfrac{3}{10}\times\dfrac{15}{100}$
$=\dfrac{45}{1000}=0.045$
(2) $0.35\times 0.4=\dfrac{35}{100}\times\dfrac{4}{10}$
$=\dfrac{140}{1000}=0.14$

**3**
(1) 0.09 / 0.078
(2) 0.048 / 0.0504

**4** (1) ○  (2) ○ / ○ / ◉

**5** ㉢

**6** (1) 0.4  (2) 0.0221

**7** $0.9\times 0.6=0.54$ / 0.54

**1**
(1)
$$\begin{array}{r}2\\ \times\ 4\\ \hline 8\end{array} \rightarrow \begin{array}{r}0.2\\ \times\ 0.4\\ \hline 0.0\ 8\end{array}$$

(2)
$$7\times 5=35$$
$\dfrac{1}{10}$배 ＼ $\dfrac{1}{10}$배 ＼ $\dfrac{1}{100}$배
$$0.7\times 0.5=0.35$$

(3)
$$\begin{array}{r}2\ 1\\ \times\ \ 6\\ \hline 1\ 2\ 6\end{array} \rightarrow \begin{array}{r}0.2\ 1\\ \times\ \ 0.6\\ \hline 0.1\ 2\ 6\end{array}$$

(4)
$$3\times 14=42$$
$\dfrac{1}{10}$배 ＼ $\dfrac{1}{100}$배 ＼ $\dfrac{1}{1000}$배
$$0.3\times 0.14=0.042$$

(5)
$$\begin{array}{r}1\ 7\\ \times\ \ 9\\ \hline 1\ 5\ 3\end{array} \rightarrow \begin{array}{r}0.1\ 7\\ \times\ 0.0\ 9\\ \hline 0.0\ 1\ 5\ 3\end{array}$$

(6)
$$36\times 18=648$$
$\dfrac{1}{100}$배 ＼ $\dfrac{1}{100}$배 ＼ $\dfrac{1}{10000}$배
$$0.36\times 0.18=0.0648$$

**3** (1)
$$3 \times 3 = 9$$
$\frac{1}{10}$배 $\quad\frac{1}{10}$배 $\quad\frac{1}{100}$배
$$0.3 \times 0.3 = 0.09$$

$$26 \times 3 = 78$$
$\frac{1}{100}$배 $\quad\frac{1}{10}$배 $\quad\frac{1}{1000}$배
$$0.26 \times 0.3 = 0.078$$

(2)
$$4 \times 12 = 48$$
$\frac{1}{10}$배 $\quad\frac{1}{100}$배 $\quad\frac{1}{1000}$배
$$0.4 \times 0.12 = 0.048$$

$$42 \times 12 = 504$$
$\frac{1}{100}$배 $\quad\frac{1}{100}$배 $\quad\frac{1}{10000}$배
$$0.42 \times 0.12 = 0.0504$$

**4** (1)
$$8 \times 6 = 48$$
$\frac{1}{10}$배 $\quad\frac{1}{10}$배 $\quad\frac{1}{100}$배
$$0.8 \times 0.6 = 0.48$$

(2)
$$39 \times 2 = 78$$
$\frac{1}{100}$배 $\quad\frac{1}{10}$배 $\quad\frac{1}{1000}$배
$$0.39 \times 0.2 = 0.078$$

**5** $0.9 \times 0.04 = 0.036$
㉠ $0.18 \times 0.2 = 0.036$
㉡ $0.3 \times 0.12 = 0.036$
㉢ $0.6 \times 0.6 = 0.36$
➜ 계산 결과가 $0.9 \times 0.04$와 다른 것은 ㉢입니다.

**6** (1) ㉠ 0.1이 5개인 수는 0.5입니다.
㉡ 0.1이 8개인 수는 0.8입니다.
➜ $0.5 \times 0.8 = 0.4$
(2) ㉠ 0.01이 17개인 수는 0.17입니다.
㉡ 0.01이 13개인 수는 0.13입니다.
➜ $0.17 \times 0.13 = 0.0221$

**7** (사용한 철사의 길이)
$= $ (전체 철사의 길이) $\times 0.6$
$= 0.9 \times 0.6 = 0.54$ (m)

## 07 일차

**개념 확인**      32~33쪽

**1** (1) 22, 682, 6.82
(2) 45, $\frac{45 \times 16}{10 \times 10}$, $\frac{720}{100}$, 7.2
(3) $\frac{14}{10}$, $\frac{27 \times 14}{10 \times 10}$, 378, 3.78
(4) $\frac{63}{10}$, $\frac{114 \times 63}{100 \times 10}$, $\frac{7182}{1000}$, 7.182
(5) 28, $\frac{352}{100}$, $\frac{28 \times 352}{10 \times 100}$, $\frac{9856}{1000}$, 9.856

**2** (1) 374, 3.74
(2) 1148, 100, 11.48
(3) 2125, 1000, 2.125
(4) 36594, 3.6594
(5) 3528, 35.28
(6) 90752, 9.0752

**1** 소수를 분수로 바꾸어 계산합니다. 이때 소수 한 자리 수는 분모가 10인 분수로, 소수 두 자리 수는 분모가 100인 분수로 바꾸어 계산합니다. 계산 결과는 다시 소수로 바꿔서 나타냅니다.
**참고** 진분수끼리의 곱셈에서 분모는 분모끼리, 분자는 분자끼리 곱하여 계산합니다.

**2** (1), (2) 곱하는 두 수가 각각 $\frac{1}{10}$배, $\frac{1}{10}$배가 되면 계산 결과는 $\frac{1}{100}$배가 됩니다.
(3) 곱하는 두 수가 각각 $\frac{1}{100}$배, $\frac{1}{10}$배가 되면 계산 결과는 $\frac{1}{1000}$배가 됩니다.
(4) 곱하는 두 수가 각각 $\frac{1}{100}$배, $\frac{1}{100}$배가 되면 계산 결과는 $\frac{1}{10000}$배가 됩니다.
(5), (6) 자연수의 곱셈으로 계산한 후 곱의 알맞은 위치에 소수점을 찍습니다.

**1** (1) 1.68      (2) 5.25

    (3) 8.05      (4) 11.84

    (5) 5.287     (6) 12.832

**2** (1) $1.73 \times 4.2 = \dfrac{173}{100} \times \dfrac{42}{10}$

$$= \dfrac{7266}{1000} = 7.266$$

    (2) $7.5 \times 1.8 = \dfrac{75}{10} \times \dfrac{18}{10} = \dfrac{1350}{100}$

$$= 13.5$$

**3** (1) 6.37      (2) 9.646

**4** •    •
  ✕
 •    •

**5** (1) 4.25

    (2) 4.2312

**6**

| 3.4×3.7 | 1.3×7.1 | 4.95×2.8 |
|---------|---------|----------|
| 1.9×5.11 | 4.4×2.5 | 6.2×1.6 |

**7** $1.5 \times 1.2 = 1.8$ / 1.8

---

**1** (1)
$$\begin{array}{r} 1\ 2 \\ \times\ 1\ 4 \\ \hline 1\ 6\ 8 \end{array} \rightarrow \begin{array}{r} 1.2 \\ \times\ 1.4 \\ \hline 1.6\ 8 \end{array}$$

(2)
$$25 \times 21 = 525$$
$\frac{1}{10}$배 ↓   $\frac{1}{10}$배 ↓   $\frac{1}{100}$배 ↓
$$2.5 \times 2.1 = 5.25$$

(3)
$$\begin{array}{r} 2\ 3 \\ \times\ 3\ 5 \\ \hline 8\ 0\ 5 \end{array} \rightarrow \begin{array}{r} 2.3 \\ \times\ 3.5 \\ \hline 8.0\ 5 \end{array}$$

(4)
$$16 \times 74 = 1184$$
$\frac{1}{10}$배 ↓   $\frac{1}{10}$배 ↓   $\frac{1}{100}$배 ↓
$$1.6 \times 7.4 = 11.84$$

(5)
$$\begin{array}{r} 3\ 1\ 1 \\ \times\ \ 1\ 7 \\ \hline 5\ 2\ 8\ 7 \end{array} \rightarrow \begin{array}{r} 3.1\ 1 \\ \times\ \ 1.7 \\ \hline 5.2\ 8\ 7 \end{array}$$

(6)
$$32 \times 401 = 12832$$
$\frac{1}{10}$배 ↓   $\frac{1}{100}$배 ↓   $\frac{1}{1000}$배 ↓
$$3.2 \times 4.01 = 12.832$$

---

**3** (1)
$$49 \times 13 = 637$$
$\frac{1}{10}$배 ↓   $\frac{1}{10}$배 ↓   $\frac{1}{100}$배 ↓
$$4.9 \times 1.3 = 6.37$$

(2)
$$26 \times 371 = 9646$$
$\frac{1}{10}$배 ↓   $\frac{1}{100}$배 ↓   $\frac{1}{1000}$배 ↓
$$2.6 \times 3.71 = 9.646$$

**4** • $1.3 \times 4.7 = 6.11$

    • $1.8 \times 2.6 = 4.68$

**5** (1)
$$\begin{array}{r} 1\ 7 \\ \times\ 2\ 5 \\ \hline 4\ 2\ 5 \end{array} \rightarrow \begin{array}{r} 1.7 \\ \times\ 2.5 \\ \hline 4.2\ 5 \end{array}$$

(2)
$$\begin{array}{r} 2\ 5\ 8 \\ \times\ \ \ 1\ 6\ 4 \\ \hline 4\ 2\ 3\ 1\ 2 \end{array} \rightarrow \begin{array}{r} 2.5\ 8 \\ \times\ \ \ 1.6\ 4 \\ \hline 4.2\ 3\ 1\ 2 \end{array}$$

참고 분수의 곱셈, 자연수의 곱셈 중 편리한 방법
을 이용하여 계산할 수 있습니다.

**6** • $3.4 \times 3.7 = 12.58 > 10$

    • $1.3 \times 7.1 = 9.23 < 10$

    • $4.95 \times 2.8 = 13.86 > 10$

    • $1.9 \times 5.11 = 9.709 < 10$

    • $4.4 \times 2.5 = 11 > 10$

    • $6.2 \times 1.6 = 9.92 < 10$

**7** (아버지의 키) = (진영이의 키) × 1.2

$$= 1.5 \times 1.2 = 1.8 \,(\text{m})$$

참고
$$15 \times 12 = 180$$
$\frac{1}{10}$배 ↓   $\frac{1}{10}$배 ↓   $\frac{1}{100}$배 ↓
$$1.5 \times 1.2 = 1.8$$

**개념 확인**

36~37쪽

1 **(1)** 9, 252, 2.52
   **(2)** 13, 13, 195, 0.195
   **(3)** $\dfrac{46}{10}$, $\dfrac{27 \times 46}{100 \times 10}$, 1242, 1.242
   **(4)** $\dfrac{52}{100}$, 10, $\dfrac{52 \times 141}{100 \times 10}$, $\dfrac{7332}{1000}$,
      7.332
   **(5)** 623, $\dfrac{83}{100}$, $\dfrac{623 \times 83}{100 \times 100}$, $\dfrac{51709}{10000}$,
      5.1709

2 **(1)** 126, 1.26
   **(2)** 294, 1000, 0.294
   **(3)** 4368, 1000, 4.368
   **(4)** 39935, 3.9935
   **(5)** 324, 3.24   **(6)** 3404, 3.404

**기본 다지기**

38~39쪽

1 **(1)** 0.96   **(2)** 1.44
   **(3)** 0.628   **(4)** 4.32
   **(5)** 0.855   **(6)** 1.0727

2 **(1)** $8.5 \times 0.2 = \dfrac{85}{10} \times \dfrac{2}{10} = \dfrac{170}{100}$
      $= 1.7$
   **(2)** $0.14 \times 2.6 = \dfrac{14}{100} \times \dfrac{26}{10}$
      $= \dfrac{364}{1000} = 0.364$

3 **(1)** 4.86   **(2)** 0.959

4 **(1)** 0.48   **(2)** 0.3003

5 **(1)** 3.42에 색칠   **(2)** 0.832에 색칠

6 **(1)** >   **(2)** <

7 1.577

8 $0.2 \times 2.6 = 0.52$ / 0.52

1 **(1)**
$$\begin{array}{r} 3\ 2 \\ \times\ \ \ 3 \\ \hline 9\ 6 \end{array} \quad \Rightarrow \quad \begin{array}{r} 3.2 \\ \times\ 0.3 \\ \hline 0.9\ 6 \end{array}$$

**(2)** $6 \times 24 = 144$
$\dfrac{1}{10}$배 $\dfrac{1}{10}$배 $\dfrac{1}{100}$배
$0.6 \times 2.4 = 1.44$

**(3)**
$$\begin{array}{r} 1\ 5\ 7 \\ \times\ \ \ \ 4 \\ \hline 6\ 2\ 8 \end{array} \quad \Rightarrow \quad \begin{array}{r} 1.5\ 7 \\ \times\ \ \ 0.4 \\ \hline 0.6\ 2\ 8 \end{array}$$

**(4)** $9 \times 48 = 432$
$\dfrac{1}{10}$배 $\dfrac{1}{10}$배 $\dfrac{1}{100}$배
$0.9 \times 4.8 = 4.32$

**(5)**
$$\begin{array}{r} 4\ 5 \\ \times\ 1\ 9 \\ \hline 8\ 5\ 5 \end{array} \quad \Rightarrow \quad \begin{array}{r} 4.5 \\ \times\ 0.1\ 9 \\ \hline 0.8\ 5\ 5 \end{array}$$

**(6)** $631 \times 17 = 10727$
$\dfrac{1}{100}$배 $\dfrac{1}{100}$배 $\dfrac{1}{10000}$배
$6.31 \times 0.17 = 1.0727$

4 **(1)** $0.15 \times 3.2 = 0.48$
   **(2)** $1.43 \times 0.21 = 0.3003$

5 **(1)** $38 \times 9 = 342$
$\dfrac{1}{10}$배 $\dfrac{1}{10}$배 $\dfrac{1}{100}$배
$3.8 \times 0.9 = 3.42$

**(2)** $16 \times 52 = 832$
$\dfrac{1}{100}$배 $\dfrac{1}{10}$배 $\dfrac{1}{1000}$배
$0.16 \times 5.2 = 0.832$

6 **(1)** $0.8 \times 6.4 = 5.12 \rightarrow 5.12 > 5$
   **(2)** $4.02 \times 0.23 = 0.9246 \rightarrow 0.9246 < 1$

7 $8.3 > 8.23 > 0.45 > 0.19$
   $\rightarrow 8.3 \times 0.19 = 1.577$

8 (전체 필요한 휘발유의 양)
   =(1 km를 달리는 데 필요한 휘발유의 양)
      ×(달리는 거리)
   $= 0.2 \times 2.6 = 0.52$ (L)

1 **(1)** 943.2, 9432
**(2)** 6.35, 0.635
**(3)** 2.45, 24.5, 245, 2450
**(4)** 400, 40, 4, 0.4
**(5)** 101.01, 1010.1, 10101
**(6)** 1.9, 0.19, 0.019

2 **(1)** 0.45     **(2)** 0.045

3 **(1)** 0.92     **(2)** 0.092
**(3)** 0.092     **(4)** 0.0092

4 **(1)** 5.6     **(2)** 0.56
**(3)** 0.56     **(4)** 0.056

---

1 곱하는 수의 0이 하나씩 늘어날 때마다 곱의 소수점이 오른쪽으로 한 칸씩 옮겨지고, 곱하는 소수의 소수점 아래 자리 수가 하나씩 늘어날 때마다 곱의 소수점이 왼쪽으로 한 칸씩 옮겨집니다.

2 **(1)** $0.5 \times 0.9 = 0.45$
**(2)** $0.05 \times 0.9 = 0.045$
**참고** 곱하는 두 수의 소수점 아래 자리 수를 더한 것만큼 곱의 소수점 아래 자리 수가 정해집니다.

3 **(1)** $0.4 \times 2.3 = 0.92$
**(2)** $0.4 \times 0.23 = 0.092$
**(3)** $0.04 \times 2.3 = 0.092$
**(4)** $0.04 \times 0.23 = 0.0092$

4 **(1)** $1.6 \times 3.5 = 5.60$
**(2)** $1.6 \times 0.35 = 0.560$
**(3)** $0.16 \times 3.5 = 0.560$
**(4)** $0.16 \times 0.35 = 0.0560$
**주의** 소수점 아래 오른쪽 끝자리에 있는 0은 생략합니다.

---

1 **(1)** 7.08, 70.8, 708, 7080
**(2)** 1.562, 15.62, 156.2, 1562
**(3)** 964, 96.4, 9.64, 0.964
**(4)** 39, 3.9, 0.39, 0.039

2 **(1)** 7 9.6     **(2)** 3.1 4 8

3 **(1)** 29.14     **(2)** 2.914
**(3)** 2.914     **(4)** 0.2914

4

5 ㉡

6 **(1)** 0.24     **(2)** 0.318

7 12.14 / 121.4 / 1214

---

1 **(1)** $7.08 \times 1 = 7.08$
$7.08 \times 10 = 70.8$
$7.08 \times 100 = 708$
$7.08 \times 1000 = 7080$
**(2)** $1.562 \times 1 = 1.562$
$1.562 \times 10 = 15.62$
$1.562 \times 100 = 156.2$
$1.562 \times 1000 = 1562$
**참고** 곱하는 수의 0이 하나씩 늘어날 때마다 소수점이 오른쪽으로 한 칸씩 옮겨집니다.
**(3)** $964 \times 1 = 964$
$964 \times 0.1 = 96.4$
$964 \times 0.01 = 9.64$
$964 \times 0.001 = 0.964$
**(4)** $39 \times 1 = 39$
$39 \times 0.1 = 3.9$
$39 \times 0.01 = 0.39$
$39 \times 0.001 = 0.039$
**참고** 곱하는 소수의 소수점 아래 자리 수가 하나씩 늘어날 때마다 소수점이 왼쪽으로 한 칸씩 옮겨집니다.

2 **(1)** $796 \times 0.1 = 79.6$
**(2)** $3148 \times 0.001 = 3.148$

**3** **(1)** 4.7과 6.2의 소수점 아래 자리 수의 합이 2

이므로 2914에서 소수점을 왼쪽으로 두 칸

옮기면 29.14입니다.

**(2)** 0.47과 6.2의 소수점 아래 자리 수의 합이

3이므로 2914에서 소수점을 왼쪽으로 세

칸 옮기면 2.914입니다.

**(3)** 4.7과 0.62의 소수점 아래 자리 수의 합이

3이므로 2914에서 소수점을 왼쪽으로 세

칸 옮기면 2.914입니다.

**(4)** 0.47과 0.62의 소수점 아래 자리 수의 합

이 4이므로 2914에서 소수점을 왼쪽으로

네 칸 옮기면 0.2914입니다.

**4** • $0.95 \times 10 = 9.5$

• $0.95 \times 100 = 95$

• $0.95 \times 1000 = 950$

**5** ㉠, ㉢: 소수점이 오른쪽으로 한 칸 옮겨졌으

므로 10을 곱한 것입니다.

㉡: 소수점이 왼쪽으로 한 칸 옮겨졌으므로

0.1을 곱한 것입니다.

➡ ㉠ $6.08 \times \boxed{10} = 60.8$

㉡ $60.8 \times \boxed{0.1} = 6.08$

㉢ $0.608 \times \boxed{10} = 6.08$

**6** **(1)** 31.8은 318의 0.1배인데 7.632는 7632

의 0.001배이므로 ☐ 안에 알맞은 수는 24

의 0.01배인 0.24입니다.

**다른 풀이** **(1)** 7.632가 소수 세 자리 수이고 31.8이 소

수 한 자리 수이므로 ☐ 안에 알맞은 수는

소수 두 자리 수입니다. ➡ ☐ = 0.24

**(2)** 240은 24의 10배인데 76.32는 7632의

0.01배이므로 ☐ 안에 알맞은 수는 318의

0.001배인 0.318입니다.

**주의** **(2)** ☐ × 240 = 76.32

자연수 소수 두 자리 수

소수점 아래 자리 수의 합만 계산하여 ☐

안에 알맞은 수를 3.18이라고 생각하지

않도록 주의합니다.

**7** • 종이 10묶음: $1.214 \times 10 = 12.14$ (kg)

• 종이 100묶음: $1.214 \times 100 = 121.4$ (kg)

• 종이 1000묶음: $1.214 \times 1000 = 1214$ (kg)

---

## 마무리 하기 44~47쪽

**1** **(1)** 4, 3, $\frac{12}{100}$, 0.12

**(2)** $\frac{12}{10}$, 13, 156, 0.156

**2** **(1)** 5.23, 52.3, 523

**(2)** 23.6, 2.36, 0.236

**3** 0.189 **4** ④

**5** **(1)** 0.38 **(2)** 2.17

**6** ( ) ( ○ )

**7** 

**8** (위에서부터) 0.381, 6.477

**9** ㉢

**10** $8.5 \times 1.2 = \frac{85}{10} \times \frac{12}{10} = \frac{85 \times 12}{10 \times 10}$

$= \frac{1020}{100} = 10.2$

**11** 0.128 kg **12** 3.06 m$^2$

**13** 163 / 16.3 / 1.63

**3**
$$9 \times 21 = 189$$
$\frac{1}{10}$배 $\quad$ $\frac{1}{100}$배 $\quad$ $\frac{1}{1000}$배
$$0.9 \times 0.21 = 0.189$$

**4** ① $9.1 \times \boxed{100} = 910$

② $\boxed{100} \times 0.441 = 44.1$

③ $6.92 \times \boxed{100} = 692$

④ $\boxed{0.1} \times 115 = 11.5$

⑤ $\boxed{100} \times 21.2 = 2120$

**5** **(1)** 2.17은 217의 0.01배인데 0.8246은

8246의 0.0001배이므로 ☐ 안에 알맞은

수는 38의 0.01배인 0.38입니다.

**(2)** 380은 38의 10배인데 824.6은 8246의
0.1배이므로 □ 안에 알맞은 수는 217의
0.01배인 2.17입니다.

**6** ・79 × $\boxed{0.001}$ = 0.079
・790 × $\boxed{0.01}$ = 7.9

**9** ㉠ 72 × 0.1 = 7.2 ➔ 소수 한 자리 수
㉡ 0.72 × 10 = 7.2 ➔ 소수 한 자리 수
㉢ 720 × 0.001 = 0.72 ➔ 소수 두 자리 수
㉣ 7.2 × 100 = 720 ➔ 자연수

**11** (지방 성분의 양)
= (전체 초콜릿의 양) × 0.32
= 0.4 × 0.32 = 0.128 (kg)

**12** (직사각형의 넓이) = (가로) × (세로)
= 1.7 × 1.8 = 3.06 (m²)

**13** ・경유 0.1 L: 1630 × 0.1 = 163(원)
・경유 0.01 L: 1630 × 0.01 = 16.3(원)
・경유 0.001 L: 1630 × 0.001 = 1.63(원)

미래엔
**환경
지킴이**

48쪽

그림에서 찾을 수 있는 환경지킴이가 아닌 행동:
쓰레기 무단 투기, 나무 꺾기, 산에 불 피우기, 야
생 동물에게 먹이 주기, 냇가에 오물 버리기, 금지
된 장소에서 낚시 하기

# 2장
## 소수의 나눗셈(1)

**11** 일차

**개념 확인**　　　　　　　　　　　50~51쪽

**1** **(1)** 2.4　　　　　　　**(2)** 122, 12.2
**(3)** 212, 21.2　　　　**(4)** 231, 23.1
**(5)** 313, 10, 31.3
**(6)** 342, 10, 34.2

**2** **(1)** 1.32　　　　　　**(2)** 211, 2.11
**(3)** 312, 3.12　　　　**(4)** 311, 3.11
**(5)** 232, 100, 2.32
**(6)** 214, 100, 2.14

**1** 나누는 수가 같고 나누어지는 수가 $\frac{1}{10}$ 배가
되면 몫도 $\frac{1}{10}$ 배가 됩니다.

**2** 나누는 수가 같고 나누어지는 수가 $\frac{1}{100}$ 배가
되면 몫도 $\frac{1}{100}$ 배가 됩니다.

**기본 다지기**　　　　　　　　　　　52~53쪽

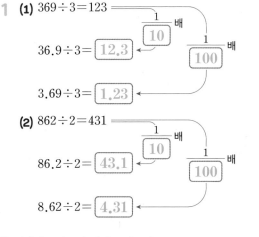

**1** **(1)** 369 ÷ 3 = 123
36.9 ÷ 3 = $\boxed{12.3}$
3.69 ÷ 3 = $\boxed{1.23}$

**(2)** 862 ÷ 2 = 431
86.2 ÷ 2 = $\boxed{43.1}$
8.62 ÷ 2 = $\boxed{4.31}$

**2** **(1)** 2□4□4 / 2□4□4
**(2)** 2□3□2 / 2□3□2

**3** **(1)** 31.4, 3.14          **(2)** 21.1, 2.11

**4** 288 / 288, 144 / 144, 14.4

**5** **(1)** 243, 24.3, 2.43
   **(2)** 221, 22.1, 2.21
   **(3)** 121, 12.1, 1.21
   **(4)** 331, 33.1, 3.31

**6** 9.96÷3=3.32 / 3.32

---

**1** 나누어지는 수가 $\frac{1}{10}$ 배, $\frac{1}{100}$ 배가 되면 몫도
$\frac{1}{10}$ 배, $\frac{1}{100}$ 배가 됩니다.

**2** **(1)** 48.8÷2=24.4
      4.88÷2=2.44
   **(2)** 69.6÷3=23.2
      6.96÷3=2.32

**3** **(1)** 62.8÷2=31.4
      6.28÷2=3.14
   **(2)** 63.3÷3=21.1
      6.33÷3=2.11

**4**
$$288 \div 2 = 144$$
$\frac{1}{10}$배 ↓          ↓ $\frac{1}{10}$배
$$28.8 \div 2 = 14.4$$

**5** **(1)** 486÷2=243
      48.6÷2=24.3
      4.86÷2=2.43
   **(2)** 884÷4=221
      88.4÷4=22.1
      8.84÷4=2.21
   **(3)** 363÷3=121
      36.3÷3=12.1
      3.63÷3=1.21
   **(4)** 662÷2=331
      66.2÷2=33.1
      6.62÷2=3.31

**6** 준석: 996 ÷ 3 = 332
   $\frac{1}{100}$배 ↓          ↓ $\frac{1}{100}$배
   민규: 9.96 ÷ 3 = 3.32

---

**개념 확인**                              54~55쪽

**1** **(1)** 27, 2.7          **(2)** 215, 43, 4.3
   **(3)** 96, 96, 48, 4.8
   **(4)** 332, 332, 83, 8.3
   **(5)** 256, 256, 8, 32, 3.2
   **(6)** 658, 658, 7, 94, 9.4

**2** **(1)**
```
      1.⒊
  4) 5 ┊2
      4
     ┌1┐┌2┐
     └1┘└2┘
         0
```
**(2)**
```
      5.⒋
  6) 3 2.4
      3 0
       ┌2┐┌4┐
       └2┘└4┘
           0
```
**(3)**
```
     ⒈⒌
  5) 7.5
     ┌5┐
     ┌2┐┌5┐
     └2┘└5┘
         0
```
**(4)**
```
      ⒐⒏
  3) 2 9.4
     ┌2┐┌7┐
       ┌2┐┌4┐
       └2┘└4┘
           0
```
**(5)**
```
      ⒉⒋
  9) 2 1.6
     ┌1┐┌8┐
       ┌3┐┌6┐
       └3┘└6┘
           0
```
**(6)**
```
      ⒋⒍
  7) 3 2.2
     ┌2┐┌8┐
       ┌4┐┌2┐
       └4┘└2┘
           0
```

**기본 다지기**                              56~57쪽

**1** **(1)** 1.8      **(2)** 2.6      **(3)** 2.3
   **(4)** 6.5      **(5)** 7.4      **(6)** 9.8

**2** **(1)** $8.7 \div 3 = \frac{87}{10} \div 3 = \frac{87 \div 3}{10}$
      $= \frac{29}{10} = 2.9$

   **(2)** $38.4 \div 8 = \frac{384}{10} \div 8 = \frac{384 \div 8}{10}$
      $= \frac{48}{10} = 4.8$

**3** **(1)** 1.9          **(2)** 6.7

**14**

**4** (1) 3.6　　　　　(2) 7.4

**5**

**6** (1) $>$

(2) $<$

**7** $14.8 \div 4 = 3.7$ / 3.7

---

**1** (1)
$$
\begin{array}{r}
1.8 \\
3\,)\overline{5.4} \\
\underline{3\phantom{.0}} \\
2\,4 \\
\underline{2\,4} \\
0
\end{array}
$$

(2)
$$
\begin{array}{r}
2.6 \\
6\,)\overline{1\,5.6} \\
\underline{1\,2\phantom{.0}} \\
3\,6 \\
\underline{3\,6} \\
0
\end{array}
$$

(3)
$$
\begin{array}{r}
2.3 \\
4\,)\overline{9.2} \\
\underline{8\phantom{.0}} \\
1\,2 \\
\underline{1\,2} \\
0
\end{array}
$$

(4)
$$
\begin{array}{r}
6.5 \\
5\,)\overline{3\,2.5} \\
\underline{3\,0\phantom{.0}} \\
2\,5 \\
\underline{2\,5} \\
0
\end{array}
$$

(5)
$$
\begin{array}{r}
7.4 \\
7\,)\overline{5\,1.8} \\
\underline{4\,9\phantom{.0}} \\
2\,8 \\
\underline{2\,8} \\
0
\end{array}
$$

(6)
$$
\begin{array}{r}
9.8 \\
2\,)\overline{1\,9.6} \\
\underline{1\,8\phantom{.0}} \\
1\,6 \\
\underline{1\,6} \\
0
\end{array}
$$

**2** 소수를 분수로 나타낸 후 분자를 자연수로 나누어 계산합니다.

**3** (1) $95 \div 5 = 19$ → $9.5 \div 5 = 1.9$

(2) $469 \div 7 = 67$ → $46.9 \div 7 = 6.7$

> **참고** 자연수의 나눗셈을 이용하거나 분수의 나눗셈으로 바꾸어 계산할 수 있습니다.

**4** (1) $7.2 \div 2 = \dfrac{72}{10} \div 2 = \dfrac{36}{10} = 3.6$

(2) $44.4 \div 6 = \dfrac{444}{10} \div 6 = \dfrac{74}{10} = 7.4$

**5** • $8.4 \div 3 = 2.8$　　• $25.2 \div 4 = 6.3$

• $37.8 \div 7 = 5.4$

**6** (1) $18.4 \div 4 = 4.6$ → $4.6 > 4.5$

(2) $57.6 \div 9 = 6.4$ → $6.4 < 6.5$

**7** (병 한 개에 담아야 하는 물의 양)

　= (전체 물의 양) ÷ (병의 수)

　= $14.8 \div 4 = 3.7$ (L)

---

**개념 확인**　　　　　　　　58~59쪽

**1** (1) 177, 1.77

(2) 414, 138, 1.38

(3) 816, 136, 1.36

(4) 568, 568, 142, 1.42

(5) 1215, 1215, 243, 2.43

(6) 2925, 2925, 9, 325, 3.25

**2** (1)
$$
\begin{array}{r}
1.8\,\boxed{5} \\
3\,)\overline{5.5\,5} \\
\underline{3\phantom{.0\,0}} \\
2\,5 \\
\underline{2\,4} \\
\boxed{1}\,\boxed{5} \\
\underline{\boxed{1}\,\boxed{5}} \\
0
\end{array}
$$

(2)
$$
\begin{array}{r}
1.\boxed{7}\,\boxed{6} \\
2\,)\overline{3.5\,2} \\
\underline{2\phantom{.0\,0}} \\
1\,\boxed{5} \\
\underline{\boxed{1}\,\boxed{4}} \\
\boxed{1}\,\boxed{2} \\
\underline{\boxed{1}\,\boxed{2}} \\
0
\end{array}
$$

(3)
$$
\begin{array}{r}
\boxed{1}.\boxed{3}\,\boxed{7} \\
9\,)\overline{1\,2.3\,3} \\
\underline{9\phantom{.0\,0}} \\
\boxed{3}\,\boxed{3} \\
\underline{\boxed{2}\,\boxed{7}} \\
\boxed{6}\,\boxed{3} \\
\underline{\boxed{6}\,\boxed{3}} \\
0
\end{array}
$$

(4)
$$
\begin{array}{r}
\boxed{6}.\boxed{2}\,\boxed{3} \\
8\,)\overline{4\,9.8\,4} \\
\underline{\boxed{4}\,\boxed{8}\phantom{.0}} \\
\boxed{1}\,\boxed{8} \\
\underline{\boxed{1}\,\boxed{6}} \\
\boxed{2}\,\boxed{4} \\
\underline{\boxed{2}\,\boxed{4}} \\
0
\end{array}
$$

**1** 소수를 분수로 바꾼 후 분자를 자연수로 나누어 계산합니다. 계산 결과는 소수로 바꾸어 나타냅니다.

**2** 자연수의 나눗셈과 같은 방법으로 계산합니다. 이때 몫의 소수점은 나누어지는 수의 소수점을 올려 찍습니다.

**1** (1) 1.57      (2) 1.44
   (3) 2.89      (4) 8.56
   (5) 3.16      (6) 4.62

**2** (1) $5.72 \div 2 = \dfrac{572}{100} \div 2 = \dfrac{572 \div 2}{100}$

$$= \dfrac{286}{100} = 2.86$$

   (2) $16.62 \div 3$

$$= \dfrac{1662}{100} \div 3 = \dfrac{1662 \div 3}{100}$$

$$= \dfrac{554}{100} = 5.54$$

**3** (1) ◯    (2) ◉

**4**
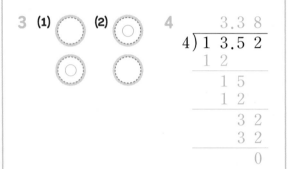

**5** (앞에서부터) 2.23, 1.38, 1.25

**6** (1) 4.96      (2) 5.75

**7** $6.65 \div 5 = 1.33$ / 1.33

---

**1** (1)
```
    1.5 7
2) 3.1 4
   2
   ─────
   1 1
   1 0
   ─────
     1 4
     1 4
   ─────
       0
```
(2)
```
    1.4 4
4) 5.7 6
   4
   ─────
   1 7
   1 6
   ─────
     1 6
     1 6
   ─────
       0
```

(3)
```
    2.8 9
3) 8.6 7
   6
   ─────
   2 6
   2 4
   ─────
     2 7
     2 7
   ─────
       0
```
(4)
```
     8.5 6
3) 2 5.6 8
   2 4
   ─────
     1 6
     1 5
   ─────
       1 8
       1 8
   ─────
         0
```

**다른풀이** (4) $2568 \div 3 = 856$ ➜ $25.68 \div 3 = 8.56$

---

(5)
```
    3.1 6
8) 2 5.2 8
   2 4
   ─────
     1 2
       8
   ─────
     4 8
     4 8
   ─────
       0
```
(6)
```
    4.6 2
7) 3 2.3 4
   2 8
   ─────
     4 3
     4 2
   ─────
       1 4
       1 4
   ─────
         0
```

**2** 소수를 분수로 나타낸 후 분자를 자연수로 나누어 계산합니다.

**3** (1) • $7.89 \div 3 = \dfrac{789}{100} \div 3 = \dfrac{789 \div 3}{100}$

$$= \dfrac{263}{100} = 2.63$$

     • $12.65 \div 5 = \dfrac{1265}{100} \div 5 = \dfrac{1265 \div 5}{100}$

$$= \dfrac{253}{100} = 2.53$$

  (2) • $10.12 \div 4 = \dfrac{1012}{100} \div 4 = \dfrac{1012 \div 4}{100}$

$$= \dfrac{253}{100} = 2.53$$

     • $11.58 \div 6 = \dfrac{1158}{100} \div 6 = \dfrac{1158 \div 6}{100}$

$$= \dfrac{193}{100} = 1.93$$

**참고** 분수의 나눗셈으로 바꾸어 계산하거나 자연수의 나눗셈을 이용하여 계산할 수 있습니다.

**4** 몫의 소수점은 나누어지는 수의 소수점의 위치에 맞추어 찍어야 합니다.

**5**
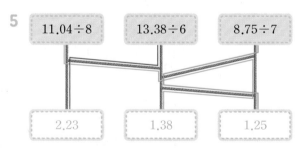

  • $1104 \div 8 = 138$ ➜ $11.04 \div 8 = 1.38$
  • $1338 \div 6 = 223$ ➜ $13.38 \div 6 = 2.23$
  • $875 \div 7 = 125$ ➜ $8.75 \div 7 = 1.25$

**6** (1) $9.92 > 4 > 2$ ➜ $9.92 \div 2 = 4.96$
  (2) $17.25 > 7 > 3$ ➜ $17.25 \div 3 = 5.75$

**7** (한 명이 가지게 되는 끈의 길이)
  = (전체 끈의 길이) ÷ (사람 수)
  = $6.65 \div 5 = 1.33$ (m)

**개념 확인** 62~63쪽

**1** (1) 45, 0.45    (2) 272, 68, 0.68
(3) 222, 37, 0.37
(4) 576, 576, 72, 0.72
(5) 225, 225, 9, 25, 0.25
(6) 602, 602, 7, 86, 0.86

**2** (1)
```
    0.7 [8]
3 ) 2 ⋮3 4
    2 1
    [2][4]
    [2][4]
        0
```
(2)
```
    0.[3][9]
5 ) 1.9 5
    1 5
    [4][5]
    [4][5]
        0
```
(3)
```
    0.[6][4]
7 ) 4.4 8
    4 2
    [2][8]
    [2][8]
        0
```
(4)
```
    [0].[1][4]
8 ) 1.1 2
        8
    [3][2]
    [3][2]
        0
```
(5)
```
    [0].[3][8]
6 ) 2.2 8
    [1][8]
    [4][8]
    [4][8]
        0
```
(6)
```
    [0].[2][7]
9 ) 2.4 3
    [1][8]
    [6][3]
    [6][3]
        0
```

**기본 다지기** 64~65쪽

**1** (1) 0.36   (2) 0.83   (3) 0.53
(4) 0.45   (5) 0.74   (6) 0.98

**2** (1) $3.64 \div 4 = \dfrac{364}{100} \div 4 = \dfrac{364 \div 4}{100}$
$= \dfrac{91}{100} = 0.91$

(2) $2.66 \div 7 = \dfrac{266}{100} \div 7 = \dfrac{266 \div 7}{100}$
$= \dfrac{38}{100} = 0.38$

**3** (1) 0.27에 색칠    (2) 0.88에 색칠

---

**4** 지호    **5** ㉠, ㉣

**6** 0.47

**7** $2.25 \div 3 = 0.75$ / 0.75

**1** (1)
```
    0.3 6
4 ) 1.4 4
    1 2
    2 4
    2 4
      0
```
(2)
```
    0.8 3
2 ) 1.6 6
    1 6
      6
      6
      0
```
(3)
```
    0.5 3
5 ) 2.6 5
    2 5
    1 5
    1 5
      0
```
(4)
```
    0.4 5
7 ) 3.1 5
    2 8
    3 5
    3 5
      0
```
(5)
```
    0.7 4
6 ) 4.4 4
    4 2
    2 4
    2 4
      0
```
(6)
```
    0.9 8
9 ) 8.8 2
    8 1
    7 2
    7 2
      0
```

**3** (1) $162 \div 6 = 27$ ➜ $1.62 \div 6 = 0.27$
(2) $704 \div 8 = 88$ ➜ $7.04 \div 8 = 0.88$

**4** 연우:
```
    0.4 8
6 ) 2.8 8
    2 4
    4 8
    4 8
      0
```
← 몫의 소수점은 나누어지는 수의 소수점을 올려 찍고 일의 자리에 0을 씁니다.

**5** 나누어지는 수가 나누는 수보다 작으면 몫은 1보다 작습니다.
㉠ $4.41 < 7$   ㉡ $7.92 > 6$
㉢ $4.98 > 3$   ㉣ $3.68 < 4$ ➜ ㉠, ㉣

**다른 풀이** ㉠ $4.41 \div 7 = 0.63 < 1$
㉡ $7.92 \div 6 = 1.32 > 1$
㉢ $4.98 \div 3 = 1.66 > 1$
㉣ $3.68 \div 4 = 0.92 < 1$

**6** ♥ $\times 9 = 4.23$ ➜ ♥ $= 4.23 \div 9 = 0.47$

**7** (토끼 한 마리에게 주어야 하는 당근의 무게)
$=$ (전체 당근의 무게) $\div$ (토끼의 수)
$= 2.25 \div 3 = 0.75$ (kg)

## 개념 확인
66~67쪽

**1** (1) 52, 0.52　　(2) 530, 265, 2.65
(3) 870, 145, 1.45
(4) 1810, 1810, 362, 3.62
(5) 2360, 2360, 295, 2.95
(6) 3270, 3270, 15, 218, 2.18

**2** (1)
```
       2 . 6 [5]
  6) 1 5 . 9 0
     1 2
       3 9
       3 6
         [3] 0
         [3][0]
             0
```
(2)
```
     [6].[3][5]
  2) 1 2 . 7 0
     1 2
       [7]
       [6]
         [1][0]
         [1][0]
             0
```
(3)
```
     [4].[3][5]
  4) 1 7 . 4 0
     1 6
       [1][4]
       [1][2]
         [2][0]
         [2][0]
             0
```
(4)
```
     [3].[2][4]
  5) 1 6 . 2 0
     [1][5]
       [1][2]
       [1][0]
         [2][0]
         [2][0]
             0
```

**2** 나누어떨어지지 않으면 나누어지는 수의 오른쪽 끝자리에 0이 계속 있는 것으로 생각하고 0을 내려 계산합니다.

## 기본 다지기
68~69쪽

**1** (1) 3.95　(2) 2.25　(3) 0.65
(4) 3.14　(5) 1.76　(6) 0.45

**2** (1) 0.25　　(2) 1.15
(3) 2.34　　(4) 3.35

**3** (1) 0.85　　(2) 1.86

**4** 지연

**5** (교차 연결)

**6** (앞에서부터) 3, 2, 1

**7** 7.2÷5＝1.44 / 1.44

**1** (1)
```
      3.9 5
  2) 7.9 0
     6
     1 9
     1 8
       1 0
       1 0
         0
```
(2)
```
       2.2 5
  6) 1 3.5 0
     1 2
       1 5
       1 2
         3 0
         3 0
           0
```
(3)
```
      0.6 5
  8) 5.2 0
     4 8
       4 0
       4 0
         0
```
(4)
```
       3.1 4
  5) 1 5.7 0
     1 5
       7
       5
         2 0
         2 0
           0
```
(5)
```
      1.7 6
  5) 8.8 0
     5
     3 8
     3 5
       3 0
       3 0
         0
```
(6)
```
        0.4 5
  12) 5.4 0
      4 8
        6 0
        6 0
          0
```

**2** (1)
```
      0.2 5
  6) 1.5
     1 2
       3 0
       3 0
         0
```
(2)
```
      1.1 5
  8) 9.2
     8
     1 2
       8
       4 0
       4 0
         0
```
(3)
```
       2.3 4
  5) 1 1.7
     1 0
       1 7
       1 5
         2 0
         2 0
           0
```
(4)
```
       3.3 5
  6) 2 0.1
     1 8
       2 1
       1 8
         3 0
         3 0
           0
```

## 3

(1) $6.8 \div 8 = \dfrac{680}{100} \div 8 = \dfrac{680 \div 8}{100}$
$= \dfrac{85}{100} = 0.85$

(2) $9.3 \div 5 = \dfrac{930}{100} \div 5 = \dfrac{930 \div 5}{100}$
$= \dfrac{186}{100} = 1.86$

**주의** 분수의 나눗셈으로 바꾸어 계산할 때

$9.3 = \dfrac{93}{10}$ 으로 바꾸면 $93 \div 5$가 자연수로 나누어떨어지지 않으므로 분모가 100인 분수로 바꾸어 계산합니다.

## 4

성훈
```
       9. 3
  4 ) 3 7. 2
      3 6
      ─────
        1 2
        1 2
      ─────
          0
```

지연
```
        2. 1 2
  15 ) 3 1. 8 0
       3 0
       ─────
         1 8
         1 5
       ─────
           3 0
           3 0
         ─────
             0
```

## 5

```
        1. 1 5
  16 ) 1 8. 4
       1 6
       ─────
         2 4
         1 6
       ─────
           8 0
           8 0
         ─────
             0
```

```
        1. 1 4
  25 ) 2 8. 5
       2 5
       ─────
         3 5
         2 5
       ─────
         1 0 0
         1 0 0
       ───────
             0
```

## 6

```
       2. 1 5
  6 ) 1 2. 9
      1 2
      ─────
        9
        6
      ─────
        3 0
        3 0
      ─────
          0
```

```
      2. 3 5
  4 ) 9. 4
      8
      ────
      1 4
      1 2
      ────
        2 0
        2 0
      ────
          0
```

```
       2. 9 2
  5 ) 1 4. 6
      1 0
      ─────
        4 6
        4 5
      ─────
          1 0
          1 0
        ─────
            0
```

→ $2.92 > 2.35 > 2.15$

## 7

(멜론 한 개의 무게)
= (전체 멜론의 무게) ÷ (멜론의 수)
= $7.2 \div 5 = 1.44$ (kg)

---

## 1

(1) 107, 1.07    (2) 8, 864, 108, 1.08

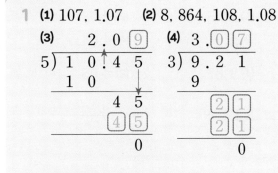

(3)
```
        2. 0 9
  5 ) 1 0. 4 5
      1 0
      ─────
          4 5
          4 5
        ─────
            0
```

(4)
```
       3. 0 7
  3 ) 9. 2 1
      9
      ────
        2 1
        2 1
      ────
          0
```

## 2

(1) 2520, 504, 5.04

(2) 6, 4230, 705, 7.05

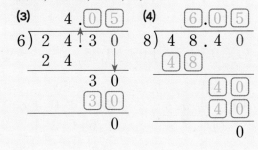

(3)
```
       4. 0 5
  6 ) 2 4. 3 0
      2 4
      ─────
          3 0
          3 0
        ─────
            0
```

(4)
```
       6. 0 5
  8 ) 4 8. 4 0
      4 8
      ─────
          4 0
          4 0
        ─────
            0
```

---

**1** (1), (2)

소수를 분수로 바꾼 후 분자를 자연수로 나누어 계산합니다. 계산 결과는 소수로 바꾸어 나타냅니다.

(3), (4)

자연수의 나눗셈과 같은 방법으로 계산합니다. 이때 몫의 소수점은 나누어지는 수의 소수점을 올려 찍습니다.

**참고** 수를 하나 내렸는데도 나누어지는 수가 나누는 수보다 작을 경우에는 몫에 0을 쓰고 수를 하나 더 내려 계산합니다.

**2** (1), (2)

소수를 분수로 바꾼 후 분자를 자연수로 나누어 계산합니다. 소수를 분모가 10인 분수로 바꾸었을 때 분자가 자연수로 나누어떨어지지 않으면 분모가 100인 분수로 나타내어 계산합니다. 계산 결과는 소수로 바꾸어 나타냅니다.

(3), (4)

수를 하나 내렸는데도 나누어지는 수가 나누는 수보다 작을 경우에는 몫에 0을 쓰고 수를 하나 더 내려 계산합니다. 이때 수가 없으면 0을 내려 씁니다.

**1** (1) 4.07　(2) 1.04　(3) 2.09
　　(4) 12.03　(5) 3.05　(6) 2.08

**2** (1) 3.05　　　　(2) 2.08
　　(3) 5.07　　　　(4) 4.04

**3** (1) 1.07　　　　(2) 4.05

**4** $8.1 \div 2 = \dfrac{810}{100} \div 2 = \dfrac{810 \div 2}{100}$
　　　　$= \dfrac{405}{100} = 4.05$

**5** ( ○ )(　　)( ○ )

**6** 미연

**7** $3.15 \div 3 = 1.05$ / 1.05

**1** (1)
```
    4.0 7
2) 8.1 4
   8
   ───
   1 4
   1 4
   ───
     0
```
(2)
```
    1.0 4
6) 6.2 4
   6
   ───
   2 4
   2 4
   ───
     0
```
(3)
```
    2.0 9
3) 6.2 7
   6
   ───
   2 7
   2 7
   ───
     0
```
(4)
```
    1 2.0 3
7) 8 4.2 1
   7
   ─────
   1 4
   1 4
   ─────
       2 1
       2 1
   ─────
         0
```
(5)
```
    3.0 5
8) 2 4.4 0
   2 4
   ─────
     4 0
     4 0
   ─────
       0
```
(6)
```
    2.0 8
5) 1 0.4 0
   1 0
   ─────
     4 0
     4 0
   ─────
       0
```

**2** (1) $6.1 \div 2 = \dfrac{610}{100} \div 2 = \dfrac{610 \div 2}{100}$
　　　　　　　$= \dfrac{305}{100} = 3.05$

(2) $8.32 \div 4 = \dfrac{832}{100} \div 4 = \dfrac{832 \div 4}{100}$
　　　　　　　$= \dfrac{208}{100} = 2.08$

(3) $15.21 \div 3 = \dfrac{1521}{100} \div 3 = \dfrac{1521 \div 3}{100}$
　　　　　　　$= \dfrac{507}{100} = 5.07$

(4) $20.2 \div 5 = \dfrac{2020}{100} \div 5 = \dfrac{2020 \div 5}{100}$
　　　　　　　$= \dfrac{404}{100} = 4.04$

**3** (1)
```
    1.0 7
6) 6.4 2
   6
   ───
   4 2
   4 2
   ───
     0
```
(2)
```
     4.0 5
18) 7 2.9
    7 2
    ─────
      9 0
      9 0
    ─────
        0
```

**참고** 자연수의 나눗셈을 이용하거나 분수의 나눗셈으로 바꾸어 계산할 수 있습니다.

**4** $8.1 \div 2 = \dfrac{81}{10} \div 2$에서 81이 2로 나누어떨어지지 않으므로 8.1을 분모가 100인 분수로 나타내어 계산해야 합니다.

**5**
```
    1.0 8
3) 3.2 4
   3
   ───
   2 4
   2 4
   ───
     0
```
```
    1.2 2
8) 9.7 6
   8
   ───
   1 7
   1 6
   ───
     1 6
     1 6
   ───
       0
```
```
    5.0 6
5) 2 5.3
   2 5
   ─────
     3 0
     3 0
   ─────
       0
```

→ 몫의 소수 첫째 자리에 0이 있는 것은 1.08과 5.06입니다.

**6** 승재: $35.2 \div 5 = 7.04$
미연: $28.2 \div 4 = 7.05$
→ $7.04 < 7.05$

**7** (1분 동안 달릴 수 있는 거리)
　＝(달린 거리)÷(걸린 시간)
　＝$3.15 \div 3 = 1.05$ (km)

74~75쪽

**1** **(1)** 25, 2.5　　　　**(2)** 7, 175, 1.75

　**(3)** 12, 60, 0.6　　**(4)** 3, 375, 0.375

　**(5)** $\dfrac{11}{25}$, 44, 0.44

　**(6)** $\dfrac{15}{8}$, 1875, 1.875

**2** **(1)** 3.5　　　　　　**(2)** 325, 3.25

　**(3)**
```
        8 . 7 5
   4 ) 3 5 . 0 0
       3 2
       ───────
         3 0
         2 8
       ───────
           2 0
           2 0
         ───────
             0
```

　**(4)**
```
        2 . 6 2 5
   8 ) 2 1 . 0 0 0
       1 6
       ───────
         5 0
         4 8
       ───────
           2 0
           1 6
         ───────
             4 0
             4 0
           ───────
               0
```

**1** (자연수)÷(자연수)를 분수로 바꾸어 계산할 때 몫을 소수로 나타내려면 분모가 10, 100, 1000인 분수로 나타내야 합니다.

**2** **(1)** 나누는 수가 같고 나누어지는 수가 $\dfrac{1}{10}$ 배가 되면 몫도 $\dfrac{1}{10}$ 배가 됩니다.

　**(2)** 나누는 수가 같고 나누어지는 수가 $\dfrac{1}{100}$ 배가 되면 몫도 $\dfrac{1}{100}$ 배가 됩니다.

　**(3)** 35＝35.00과 같으므로 나누어지는 수의 오른쪽 끝자리에 0이 계속 있는 것으로 생각하고 0을 내려 계산합니다.

　**(4)** 21＝21.000과 같으므로 나누어지는 수의 오른쪽 끝자리에 0이 계속 있는 것으로 생각하고 0을 내려 계산합니다.

참고 몫의 소수점은 자연수 바로 뒤에서 올려 찍습니다.

76~77쪽

**1** **(1)** 1.4　　**(2)** 2.75　　**(3)** 3.5

　**(4)** 4.5　　**(5)** 0.25　　**(6)** 0.9

**2** **(1)** $6 \div 5 = \dfrac{6}{5} = \dfrac{6 \times 2}{5 \times 2} = \dfrac{12}{10} = 1.2$

　**(2)** $5 \div 8 = \dfrac{5}{8} = \dfrac{5 \times 125}{8 \times 125} = \dfrac{625}{1000}$
　　　　　　$= 0.625$

**3** **(1)** ○ ⦿　　**(2)** ⦿ ○

**4** **(1)** 0.5　　　　**(2)** 1.25

**5** **(1)** ＞　　　　　**(2)** ＜

**6** ① 등　② 용　③ 문

**7** $10 \div 4 = 2.5$ / 2.5

**1** **(1)**
```
        1 . 4
   5 ) 7 . 0
       5
       ─────
       2 0
       2 0
       ─────
         0
```

**(2)**
```
           2 . 7 5
   4 ) 1 1 . 0 0
       8
       ─────────
       3 0
       2 8
       ─────────
         2 0
         2 0
         ─────────
           0
```

**(3)**
```
        3 . 5
   8 ) 2 8 . 0
       2 4
       ─────
       4 0
       4 0
       ─────
         0
```

**(4)**
```
        4 . 5
   2 ) 9 . 0
       8
       ─────
       1 0
       1 0
       ─────
         0
```

**(5)**
```
         0 . 2 5
   12 ) 3 . 0 0
        2 4
        ───────
          6 0
          6 0
        ───────
            0
```

**(6)**
```
           0 . 9
   20 ) 1 8 . 0
        1 8 0
        ───────
            0
```

3
(1)
$$
\begin{array}{r}
2.4 \\
5\overline{)1\,2} \\
1\,0 \\
\hline
2\,0 \\
2\,0 \\
\hline
0
\end{array}
$$

$$
\begin{array}{r}
2.2\,5 \\
8\overline{)1\,8} \\
1\,6 \\
\hline
2\,0 \\
1\,6 \\
\hline
4\,0 \\
4\,0 \\
\hline
0
\end{array}
$$

(2) $45 \div 20 = \dfrac{45}{20} = \dfrac{45 \times 5}{20 \times 5}$

$\qquad = \dfrac{225}{100} = 2.25$

$5 \div 2 = \dfrac{5}{2} = \dfrac{5 \times 5}{2 \times 5} = \dfrac{25}{10} = 2.5$

참고 자연수의 나눗셈을 이용하거나 분수로 바꾸어 계산할 수 있습니다.

4
(1)
$40 \div 8 = 5$
$\frac{1}{10}$배 ↘ ↗ $\frac{1}{10}$배
$4 \div 8 = 0.5$

(2)
$500 \div 4 = 125$
$\frac{1}{100}$배 ↘ ↗ $\frac{1}{100}$배
$5 \div 4 = 1.25$

5
(1) $8 \div 5 = 1.6 \;\rightarrow\; 1.6 > 1.5$
(2) $37 \div 4 = 9.25 \;\rightarrow\; 9.25 < 9.5$

6
①
$$
\begin{array}{r}
5.7\,5 \\
8\overline{)4\,6} \\
4\,0 \\
\hline
6\,0 \\
5\,6 \\
\hline
4\,0 \\
4\,0 \\
\hline
0
\end{array}
$$

②
$$
\begin{array}{r}
5.5 \\
16\overline{)8\,8} \\
8\,0 \\
\hline
8\,0 \\
8\,0 \\
\hline
0
\end{array}
$$

③
$$
\begin{array}{r}
0.7\,5 \\
12\overline{)9} \\
8\,4 \\
\hline
6\,0 \\
6\,0 \\
\hline
0
\end{array}
$$

①: 등
②: 용
③: 문

7 (소금 한 봉지의 무게) ÷ (설탕 한 봉지의 무게)
$= 10 \div 4 = 2.5$(배)

---

 일차

개념 확인 78~79쪽

1 (1) 40, 5 (2) 45, 9
  (3) 16, 4 (4) 21, 3

2 (1) 1□2□2
  (2) 5 / 4□9□6
  (3) 6 / 6□0□4
  (4) 12 / 1□1□9□5
  (5) 2 / 1□9□3
  (6) 14 / 1□3□9□2

1 나누어지는 수를 반올림하여 자연수로 나타낸 후 나눗셈의 몫을 어림해 봅니다.
참고 반올림할 때는 반올림하는 자리의 수가 0, 1, 2, 3, 4이면 버리고 5, 6, 7, 8, 9이면 올립니다.

2 소수를 반올림하여 자연수로 나타내어 계산한 후 몫을 어림하여 몫의 소수점을 알맞은 위치에 찍습니다.

기본 다지기 80~81쪽

1 (1) $20 \div 5$ (2) $8 \div 4$
  (3) $63 \div 7$ (4) $32 \div 8$

2 (1) 7 / $20.7 \div 3 = 6.9$에 ◯표
  (2) 1 / $3.72 \div 4 = 0.93$에 ◯표

3 $32.12 \div 4 = 8.03$에 색칠

4 (1) 4□9□8 (2) 1□3□9

5 (1) ㉢ (2) ㉣

6 $6.54 \div 6$, $18.4 \div 8$에 ◯표

7 소윤

1 (1) 19.5 → 20 (2) 8.12 → 8
  (3) 62.86 → 63 (4) 31.6 → 32

**2** (1) $20.7 \div 3$을 $21 \div 3$으로 어림하면 몫이 약 7이므로 $20.7 \div 3 = 6.9$입니다.

(2) $3.72 \div 4$를 $4 \div 4$로 어림하면 몫이 약 1이므로 $3.72 \div 4 = 0.93$입니다.

**3** $32.12 \div 4$를 $32 \div 4$로 어림하면 몫이 약 8이므로 $32.12 \div 4 = 8.03$입니다.

**4** (1) $39.84$를 $40$으로 어림하면 $40 \div 8 = 5$이므로 $39.84 \div 8 = 4.98$입니다.

(2) $27.8$을 $28$로 어림하면 $28 \div 2 = 14$이므로 $27.8 \div 2 = 13.9$입니다.

**5** (1) $5.91 \div 3$을 $6 \div 3$으로 어림하면 몫이 약 2이므로 $5.91 \div 3 = 1.97$입니다.

(2) $8.64 \div 9$를 $9 \div 9$로 어림하면 몫이 약 1이므로 $8.64 \div 9 = 0.96$입니다.

**6** 나누어지는 수가 나누는 수보다 크면 몫이 1보다 큽니다.

➜ $6.54 > 6$, $18.4 > 8$이므로 몫이 1보다 큰 나눗셈은 $6.54 \div 6$, $18.4 \div 8$입니다.

**다른풀이** $6.54 \div 6 = 1.09 > 1$, $4.5 \div 5 = 0.9 < 1$, $6.86 \div 7 = 0.98 < 1$, $18.4 \div 8 = 2.3 > 1$이므로 몫이 1보다 큰 나눗셈은 $6.54 \div 6$, $18.4 \div 8$입니다.

**7** • 소윤: 나누어지는 수가 나누는 수보다 크면 몫이 1보다 크므로 $16.2 \div 15$의 몫은 1보다 큽니다.

• 민준: 나누어지는 수와 나누는 수의 크기를 비교하면 몫이 1보다 큰지 작은지 알 수 있으므로 어림으로 나눗셈의 몫이 1보다 큰지 작은지 알 수 있습니다.

---

**19 일차**

**마무리 하기**　　　　　　　82~85쪽

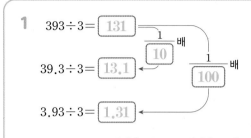

**1**
$393 \div 3 = \boxed{131}$
$39.3 \div 3 = \boxed{13.1}$
$3.93 \div 3 = \boxed{1.31}$

**2** $16.2 \div 6 = \dfrac{162}{10} \div 6 = \dfrac{162 \div 6}{10} = \dfrac{27}{10} = 2.7$

**3** $1 \square 9 \square 6$　　　　　　**4** $0.63$

**5** (1) $6, 3 / 2 / 2 \square 1 \square 6$

(2) $55, 5 / 11 / 1 \square 0 \square 9$

**6** $443, 44.3, 4.43$　　**7** $3.04$

**8** $7.42, 1.06$　　　　　**9** ㉢, ㉣, ㉤

**10** $2.5 \ \text{m}^2$　　　　　**11** $5.75 \ \text{kg}$

**12** $0.63 \ \text{m}$

---

**3** 몫의 소수점은 나누어지는 수의 소수점의 위치에 맞추어 찍어야 합니다.

**4** $3.15 \div 5 = \dfrac{315}{100} \div 5 = \dfrac{63}{100} = 0.63$

**5** (1) $6.48 \div 3$을 $6 \div 3$으로 어림하면 몫이 약 2이므로 $6.48 \div 3 = 2.16$입니다.

(2) $54.5 \div 5$를 $55 \div 5$로 어림하면 몫이 약 11이므로 $54.5 \div 5 = 10.9$입니다.

**6** $886 \div 2 = 443$　　　$88.6 \div 2 = 44.3$
$8.86 \div 2 = 4.43$

**7** ㉠ $= 15.2 \div 5 = 3.04$

**참고**
$$
\begin{array}{r}
3.0\ 4 \\
5{\overline{\smash{\big)}\,1\ 5.2\ }} \\
\underline{1\ 5\phantom{.2}} \\
2\ 0 \\
\underline{2\ 0} \\
0
\end{array}
$$

**23**

**8**

$$\begin{array}{r} 7.42 \\ 5\overline{)37.1} \\ 35 \\ \hline 21 \\ 20 \\ \hline 10 \\ 10 \\ \hline 0 \end{array}$$

$$\begin{array}{r} 1.06 \\ 7\overline{)7.42} \\ 7 \\ \hline 42 \\ 42 \\ \hline 0 \end{array}$$

**다른 풀이** $37.1 \div 5 = \dfrac{3710}{100} \div 5 = \dfrac{742}{100} = 7.42$

$7.42 \div 7 = \dfrac{742}{100} \div 7 = \dfrac{106}{100} = 1.06$

**9** 나누어지는 수가 나누는 수보다 크면 몫이 1보다 큽니다.

→ ⓒ $45.5 > 3$, ② $6.6 > 4$, ⓗ $10.17 > 9$

**10** (색칠한 부분의 넓이)$= 15 \div 6 = 2.5 \,(\text{m}^2)$

**11** (수박 한 통의 무게)
$= 23 \div 4 = 5.75 \,(\text{kg})$

**12** 고추 모종이 8개이므로 모종과 모종 사이의 간격은 7군데입니다.
→ (모종 사이의 간격)$= 4.41 \div 7 = 0.63 \,(\text{m})$

**미래엔 환경 지킴이** 86쪽

그림에서 찾을 수 있는 환경지킴이가 아닌 행동:
아무 장소에나 쓰레기 버리기, 물 낭비하기, 휴지 낭비하기, 음식물 남기기

## 소수의 나눗셈(2)

**20 일차**

**개념 확인** 88~89쪽

**1** (1) 9 / 9 　　　　　(2) 10 / 14 / 14
　(3) 10 / 6, 24 / 24
　(4) 10 / 108, 12, 9 / 9

**2** (1) 9 / 9 　　　　　(2) 100 / 6 / 6
　(3) 100 / 16, 12 / 12
　(4) 100 / 135, 9, 15 / 15

**1** 나누는 수와 나누어지는 수에 똑같이 10배를 하여도 몫은 변하지 않습니다.

**2** 나누는 수와 나누어지는 수에 똑같이 100배를 하여도 몫은 변하지 않습니다.

**기본 다지기** 90~91쪽

**1** (1) 2, 71 / 71 　　(2) 2, 71 / 71

**2** (1) ㉠ 　　　　　　(2) ㉡

**3** (1) × 　　　　　　(2) ○

**4** (1) 6 　　　　　　(2) 46

**5** 116, 4, 116, 4 / 116, 116, 29, 29, 29

**6** 25 / 3

**7** $21.5 \div 0.5 = 43$ / 43

**1** 나누는 수와 나누어지는 수에 똑같이 10배, 100배를 하여도 몫은 변하지 않습니다.

**2** (1)

$$27.3 \div 0.3 = 273 \div 3$$
(10배 / 10배)

(2)

$$0.68 \div 0.17 = 68 \div 17$$
(100배 / 100배)

**3** (1)

$$19.2 \div 2.4 = 192 \div 24 = 8$$
(10배 / 10배)

(2)

$$1.12 \div 0.04 = 112 \div 4 = 28$$
(100배 / 100배)

**4** (1)

$$7.8 \div 1.3 = 78 \div 13 = 6$$
(10배 / 10배)

(2)

$$0.92 \div 0.02 = 92 \div 2 = 46$$
(100배 / 100배)

**5**

$$1.16 \div 0.04 = 116 \div 4 = 29$$
(100배 / 100배)

**6**

$$0.75 \div 0.25 = 75 \overset{㉠}{\div} 25 = 3$$
(100배 / 100배 / ㉡)

**7** (봉지 수)
= (전체 딸기의 무게)
    ÷ (한 봉지에 담는 딸기의 무게)
= $21.5 \div 0.5 = 43$(봉지)

**참고**

$$21.5 \div 0.5 = 215 \div 5 = 43$$
(10배 / 10배)

---

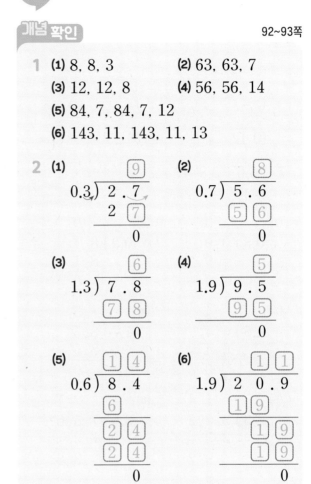

# 21 일차

## 개념 확인

92~93쪽

**1** (1) 8, 8, 3　　　　(2) 63, 63, 7
(3) 12, 12, 8　　　(4) 56, 56, 14
(5) 84, 7, 84, 7, 12
(6) 143, 11, 143, 11, 13

**2** (1)

$$0.3 \overline{)2.7} \quad 9$$
$$\underline{2\ 7}$$
$$0$$

(2)

$$0.7 \overline{)5.6} \quad 8$$
$$\underline{5\ 6}$$
$$0$$

(3)

$$1.3 \overline{)7.8} \quad 6$$
$$\underline{7\ 8}$$
$$0$$

(4)

$$1.9 \overline{)9.5} \quad 5$$
$$\underline{9\ 5}$$
$$0$$

(5)

$$0.6 \overline{)8.4} \quad 14$$
$$\underline{6}$$
$$2\ 4$$
$$\underline{2\ 4}$$
$$0$$

(6)

$$1.9 \overline{)20.9} \quad 11$$
$$\underline{1\ 9}$$
$$1\ 9$$
$$\underline{1\ 9}$$
$$0$$

**1** 소수 한 자리 수를 분모가 10인 분수로 바꾼 후 분자끼리 나누어 계산합니다.

**2** 나누는 수와 나누어지는 수의 소수점을 오른쪽으로 한 자리씩 옮겨서 계산합니다.
몫을 쓸 때 옮긴 소수점의 위치에서 소수점을 찍어 주어야 합니다.

## 기본 다지기

94~95쪽

**1** (1) 3　　　(2) 9　　　(3) 4
(4) 5　　　(5) 14　　　(6) 21

**2** (1) $8.1 \div 0.3 = \dfrac{81}{10} \div \dfrac{3}{10}$
$= 81 \div 3 = 27$

(2) $17.4 \div 5.8 = \dfrac{174}{10} \div \dfrac{58}{10}$
$= 174 \div 58 = 3$

25

**3** (1) 9
(2) 17

**4**
$$
\begin{array}{r}
2\ 6 \\
0.3\overline{)7.8} \\
6\phantom{0} \\
\hline
1\ 8 \\
1\ 8 \\
\hline
0
\end{array}
$$

**5** (  　 ) ( ○ ) (  　 )

**6** (1) 42　　　　(2) 25

**7** 26.6÷3.8＝7 / 7

**1** (1)
$$
\begin{array}{r}
3 \\
0.3\overline{)0.9} \\
9 \\
\hline
0
\end{array}
$$
(2)
$$
\begin{array}{r}
9 \\
0.9\overline{)8.1} \\
8\ 1 \\
\hline
0
\end{array}
$$
(3)
$$
\begin{array}{r}
4 \\
1.6\overline{)6.4} \\
6\ 4 \\
\hline
0
\end{array}
$$
(4)
$$
\begin{array}{r}
5 \\
1.7\overline{)8.5} \\
8\ 5 \\
\hline
0
\end{array}
$$
(5)
$$
\begin{array}{r}
1\ 4 \\
2.3\overline{)3\ 2.2} \\
2\ 3 \\
\hline
9\ 2 \\
9\ 2 \\
\hline
0
\end{array}
$$
(6)
$$
\begin{array}{r}
2\ 1 \\
3.6\overline{)7\ 5.6} \\
7\ 2 \\
\hline
3\ 6 \\
3\ 6 \\
\hline
0
\end{array}
$$

**3** (1) 7.2÷0.8＝72÷8＝9
(2) 25.5÷1.5＝255÷15＝17

**4** 몫을 쓸 때 옮긴 소수점의 위치에서 소수점을 찍어야 합니다.

**5**
$$
\begin{array}{r}
1\ 9 \\
0.2\overline{)3.8} \\
2 \\
\hline
1\ 8 \\
1\ 8 \\
\hline
0
\end{array}
\qquad
\begin{array}{r}
1\ 8 \\
3.8\overline{)6\ 8.4} \\
3\ 8 \\
\hline
3\ 0\ 4 \\
3\ 0\ 4 \\
\hline
0
\end{array}
\qquad
\begin{array}{r}
1\ 9 \\
5.2\overline{)9\ 8.8} \\
5\ 2 \\
\hline
4\ 6\ 8 \\
4\ 6\ 8 \\
\hline
0
\end{array}
$$

**6** (1) 16.8＞2.4＞0.4 ➔ 16.8÷0.4＝42
(2) 82.5＞5.1＞3.3 ➔ 82.5÷3.3＝25

**7** (딸기주스를 담은 병의 수)
＝(전체 딸기주스의 양)
　　÷(한 병에 담은 딸기주스의 양)
＝26.6÷3.8＝7(개)

**22** 일차

개념 확인

96~97쪽

**1** (1) 8, 8, 8　　　　(2) 78, 78, 6
(3) 95, 19, 5　　　　(4) 216, 24, 24, 9
(5) 144, 12, 144, 12, 12
(6) 493, 17, 493, 17, 29

**2**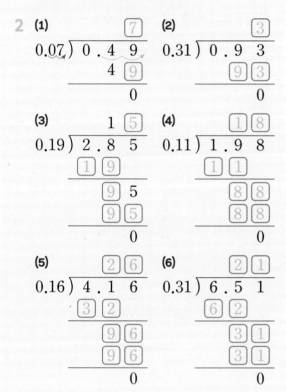

**1** 소수 두 자리 수를 분모가 100인 분수로 바꾼 후 분자끼리 나누어 계산합니다.

**2** 나누는 수와 나누어지는 수의 소수점을 오른쪽 으로 두 자리씩 옮겨서 계산합니다.

기본 다지기

98~99쪽

**1** (1) 2　　　(2) 7　　　(3) 5
(4) 8　　　(5) 14　　　(6) 23

**2** (1) $3.84÷0.16＝\dfrac{384}{100}÷\dfrac{16}{100}$
$＝384÷16＝24$

(2) $21.55÷4.31＝\dfrac{2155}{100}÷\dfrac{431}{100}$
$＝2155÷431＝5$

**3** (1) ○  (2) ◉

○  ◉

**4** (1) 28  (2) 46

**5** ④  **6** (교차선)

**7** $7.35 \div 1.47 = 5$ / 5

**1** (1)
$$0.13\overline{\smash{)}0.2\,6}$$
$$\phantom{0.13)}\underline{2\;6}$$
$$\phantom{0.13)0}0$$
몫 2

(2)
$$0.36\overline{\smash{)}2.5\,2}$$
$$\phantom{0.36)}\underline{2\;5\;2}$$
$$\phantom{0.36)00}0$$
몫 7

(3)
$$0.25\overline{\smash{)}1.2\,5}$$
$$\phantom{0.25)}\underline{1\;2\;5}$$
$$\phantom{0.25)00}0$$
몫 5

(4)
$$2.17\overline{\smash{)}1\,7.3\,6}$$
$$\phantom{2.17)}\underline{1\;7\;3\;6}$$
$$\phantom{2.17)000}0$$
몫 8

(5)
$$3.21\overline{\smash{)}4\,4.9\,4}$$
$$\phantom{3.21)}\underline{3\;2\;1}$$
$$\phantom{3.21)}1\;2\;8\;4$$
$$\phantom{3.21)}\underline{1\;2\;8\;4}$$
$$\phantom{3.21)0000}0$$
몫 14

(6)
$$1.43\overline{\smash{)}3\,2.8\,9}$$
$$\phantom{1.43)}\underline{2\;8\;6}$$
$$\phantom{1.43)}4\;2\;9$$
$$\phantom{1.43)}\underline{4\;2\;9}$$
$$\phantom{1.43)000}0$$
몫 23

**3** (1)
$$0.51\overline{\smash{)}4.5\,9}$$
$$\phantom{0.51)}\underline{4\;5\;9}$$
$$\phantom{0.51)00}0$$
몫 9

(2)
$$1.65\overline{\smash{)}6\,1.0\,5}$$
$$\phantom{1.65)}\underline{4\;9\;5}$$
$$\phantom{1.65)}1\;1\;5\;5$$
$$\phantom{1.65)}\underline{1\;1\;5\;5}$$
$$\phantom{1.65)000}0$$
몫 37

**4** (1) $64.96 \div 2.32 = \dfrac{6496}{100} \div \dfrac{232}{100}$
$$= 6496 \div 232 = 28$$

(2) $42.78 \div 0.93 = \dfrac{4278}{100} \div \dfrac{93}{100}$
$$= 4278 \div 93 = 46$$

**5** $7.92 \div 0.88$의 몫은 $7.92$와 $0.88$을 똑같이 100배 한 $792 \div 88$의 몫과 같습니다.

**6** ・$17.52 \div 0.73 = 24$   ・$6.96 \div 0.87 = 8$
・$33.12 \div 4.14 = 8$   ・$37.44 \div 1.56 = 24$

**7** (꽃 장식의 수)
= (전체 끈의 길이) ÷ (꽃 장식 한 개를 만드는 데 필요한 끈의 길이) = $7.35 \div 1.47 = 5$(개)

개념 확인

**1** (1) 80, 6.9   (2) 250, 3.1

**2**

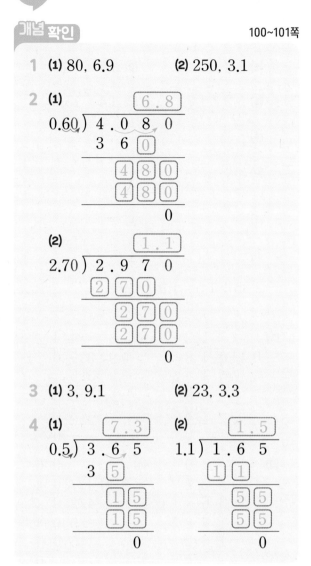

(1)
$$0.60\overline{\smash{)}4.0\,8\,0}$$
$$\phantom{0.60)}\underline{3\;6\;0}$$
$$\phantom{0.60)}4\;8\;0$$
$$\phantom{0.60)}\underline{4\;8\;0}$$
$$\phantom{0.60)000}0$$
몫 6.8

(2)
$$2.70\overline{\smash{)}2.9\,7\,0}$$
$$\phantom{2.70)}\underline{2\;7\;0}$$
$$\phantom{2.70)}2\;7\;0$$
$$\phantom{2.70)}\underline{2\;7\;0}$$
$$\phantom{2.70)000}0$$
몫 1.1

**3** (1) 3, 9.1   (2) 23, 3.3

**4** (1)
$$0.5\overline{\smash{)}3.6\,5}$$
$$\phantom{0.5)}\underline{3\;5}$$
$$\phantom{0.5)}1\;5$$
$$\phantom{0.5)}\underline{1\;5}$$
$$\phantom{0.5)00}0$$
몫 7.3

(2)
$$1.1\overline{\smash{)}1.6\,5}$$
$$\phantom{1.1)}\underline{1\;1}$$
$$\phantom{1.1)}5\;5$$
$$\phantom{1.1)}\underline{5\;5}$$
$$\phantom{1.1)00}0$$
몫 1.5

**1** 나누는 수와 나누어지는 수에 똑같이 100을 곱하여 계산합니다.

**2** 나누는 수와 나누어지는 수의 소수점을 각각 오른쪽으로 두 자리씩 옮겨서 계산하고 몫의 소수점은 옮긴 소수점의 위치에 찍어야 합니다.

**3** 나누는 수와 나누어지는 수에 똑같이 10을 곱하여 계산합니다.

**4** 나누는 수와 나누어지는 수의 소수점을 각각 오른쪽으로 한 자리씩 옮겨서 계산하고 몫의 소수점은 옮긴 소수점의 위치에 찍어야 합니다.

# 기본 다지기

**1** (1) $1.2$  (2) $4.4$  (3) $2.9$

(4) $5.6$  (5) $4.6$  (6) $6.7$

**2** (1) $5.8$  (2) $6.4$

**3** (1) $5.2 / 1.7$  (2) $3.4 / 15.6$

**4** (1) ○ ●

(2) ● ○

**5** (1) $>$  (2) $=$

**6** $1.7$

**7** $2.85 \div 1.5 = 1.9 / 1.9$

**1** (1)
$$0.4 \overline{)\, 0.4\,8\,}$$
$$\begin{array}{r} 1.2 \\ \hline 4 \\ \hline 8 \\ 8 \\ \hline 0 \end{array}$$

(2)
$$0.9 \overline{)\, 3.9\,6\,}$$
$$\begin{array}{r} 4.4 \\ \hline 3\,6 \\ \hline 3\,6 \\ 3\,6 \\ \hline 0 \end{array}$$

(3)
$$1.8 \overline{)\, 5.2\,2\,}$$
$$\begin{array}{r} 2.9 \\ \hline 3\,6 \\ \hline 1\,6\,2 \\ 1\,6\,2 \\ \hline 0 \end{array}$$

(4)
$$8.4 \overline{)\, 4\,7.0\,4\,}$$
$$\begin{array}{r} 5.6 \\ \hline 4\,2\,0 \\ \hline 5\,0\,4 \\ 5\,0\,4 \\ \hline 0 \end{array}$$

(5)
$$3.7 \overline{)\, 1\,7.0\,2\,}$$
$$\begin{array}{r} 4.6 \\ \hline 1\,4\,8 \\ \hline 2\,2\,2 \\ 2\,2\,2 \\ \hline 0 \end{array}$$

(6)
$$12.3 \overline{)\, 8\,2.4\,1\,}$$
$$\begin{array}{r} 6.7 \\ \hline 7\,3\,8 \\ \hline 8\,6\,1 \\ 8\,6\,1 \\ \hline 0 \end{array}$$

**참고** 나누는 수와 나누어지는 수의 소수점을 각각 오른쪽으로 한 자리씩 옮겨서 계산한 결과와 두 자리씩 옮겨서 계산한 결과는 같습니다.

**2** (1)
$$3.4 \overline{)\, 1\,9.7\,2\,}$$
$$\begin{array}{r} 5.8 \\ \hline 1\,7\,0 \\ \hline 2\,7\,2 \\ 2\,7\,2 \\ \hline 0 \end{array}$$

(2)
$$0.80 \overline{)\, 5.1\,2\,}$$
$$\begin{array}{r} 6.4 \\ \hline 4\,8\,0 \\ \hline 3\,2\,0 \\ 3\,2\,0 \\ \hline 0 \end{array}$$

**3** (1) $6.97 \div 4.1 = 697 \div 410 = 1.7$ (100배)

$21.32 \div 4.1 = 2132 \div 410 = 5.2$ (100배)

(2) $18.72 \div 1.2 = 187.2 \div 12 = 15.6$ (10배)

$4.08 \div 1.2 = 40.8 \div 12 = 3.4$ (10배)

**참고** 나누는 수와 나누어지는 수에 똑같이 10 또는 100을 곱한 후 계산해도 계산 결과는 같으므로 편리한 방법을 이용합니다.

**4** (1) $7.92 \div 1.8 = 792 \div 180 = 4.4$ (100배)

$6.88 \div 1.6 = 688 \div 160 = 4.3$ (100배)

(2) $13.76 \div 3.2 = 137.6 \div 32 = 4.3$ (10배)

$9.18 \div 2.7 = 91.8 \div 27 = 3.4$ (10배)

**5** (1) $37.26 \div 0.9 = 41.4 \rightarrow 41.4 > 41.2$

(2) $3.52 \div 1.6 = 2.2$

**6** $\square \times 11.3 = 19.21$

$\rightarrow \square = 19.21 \div 11.3 = 1.7$

**7** (집에서 공원까지의 거리)

$\div$ (집에서 학교까지의 거리)

$= 2.85 \div 1.5 = 1.9$(배)

**개념 확인**

104~105쪽

**1** (1) 250, 1.7
(2) 744, 0.6

**2** (1)

```
              2.8
1.160) 3.2 4 8 0
       2 3 2 0
         9 2 8 0
         9 2 8 0
               0
```

(2)

```
              4.3
2.110) 9.0 7 3 0
       8 4 4 0
         6 3 3 0
         6 3 3 0
               0
```

(3)

```
              3.4
2.510) 8.5 3 4 0
       7 5 3 0
       1 0 0 4 0
       1 0 0 4 0
               0
```

(4)

```
              5.6
1.360) 7.6 1 6 0
       6 8 0 0
         8 1 6 0
         8 1 6 0
               0
```

**3** (1) 43.2, 0.9
(2) 18, 6.2

**4** (1)

```
           2.7
0.79) 2.1 3 3
      1 5 8
        5 5 3
        5 5 3
            0
```

(2)

```
           3.1
2.89) 8.9 5 9
      8 6 7
        2 8 9
        2 8 9
            0
```

(3)

```
           8.1
0.53) 4.2 9 3
      4 2 4
        5 3
        5 3
         0
```

(4)

```
           2.2
1.52) 3.3 4 4
      3 0 4
        3 0 4
        3 0 4
            0
```

**1** 나누는 수와 나누어지는 수에 똑같이 1000을 곱하여 계산합니다.

**2** 나누는 수와 나누어지는 수의 소수점을 각각 오른쪽으로 세 자리씩 옮겨서 계산하고 몫의 소수점은 옮긴 소수점의 위치에 찍어야 합니다.

**3** 나누는 수와 나누어지는 수에 똑같이 100을 곱하여 계산합니다.

**4** 나누는 수와 나누어지는 수의 소수점을 각각 오른쪽으로 두 자리씩 옮겨서 계산하고 몫의 소수점은 옮긴 소수점의 위치에 찍어야 합니다.

**기본 다지기**

106~107쪽

**1** (1) 1.4　　(2) 3.6　　(3) 2.1
(4) 4.2　　(5) 5.4　　(6) 2.3

**2** ㉠

**3** (1) 1.7　　(2) 0.9

**4** (1) 1.5에 색칠　　(2) 2.3에 색칠

**5** 4536÷5670에 ○표
453.6÷567에 ○표

**6** 2.8

**7** 2.112÷1.32=1.6 / 1.6

**1**

**(1)**
$$
\begin{array}{r}
1.4 \\
0.12\,)\overline{\,0.1\,6\,8} \\
\underline{1\,2} \\
4\,8 \\
\underline{4\,8} \\
0
\end{array}
$$

**(2)**
$$
\begin{array}{r}
3.6 \\
0.41\,)\overline{\,1.4\,7\,6} \\
\underline{1\,2\,3} \\
2\,4\,6 \\
\underline{2\,4\,6} \\
0
\end{array}
$$

**(3)**
$$
\begin{array}{r}
2.1 \\
2.23\,)\overline{\,4.6\,8\,3} \\
\underline{4\,4\,6} \\
2\,2\,3 \\
\underline{2\,2\,3} \\
0
\end{array}
$$

**(4)**
$$
\begin{array}{r}
4.2 \\
1.87\,)\overline{\,7.8\,5\,4} \\
\underline{7\,4\,8} \\
3\,7\,4 \\
\underline{3\,7\,4} \\
0
\end{array}
$$

**(5)**
$$
\begin{array}{r}
5.4 \\
1.26\,)\overline{\,6.8\,0\,4} \\
\underline{6\,3\,0} \\
5\,0\,4 \\
\underline{5\,0\,4} \\
0
\end{array}
$$

**(6)**
$$
\begin{array}{r}
2.3 \\
2.15\,)\overline{\,4.9\,4\,5} \\
\underline{4\,3\,0} \\
6\,4\,5 \\
\underline{6\,4\,5} \\
0
\end{array}
$$

**참고** 나누는 수와 나누어지는 수의 소수점을 각각 오른쪽으로 두 자리씩 옮겨서 계산한 결과와 세 자리씩 옮겨서 계산한 결과는 같습니다.

**2** 몫의 소수점은 옮긴 위치에 찍어야 합니다.

→ ㉡
$$
\begin{array}{r}
1.9 \\
0.75\,)\overline{\,1.4\,2\,5} \\
\underline{7\,5} \\
6\,7\,5 \\
\underline{6\,7\,5} \\
0
\end{array}
$$

**3** **(1)** $0.561 \div 0.33 = 561 \div 330 = 1.7$ (1000배)

**(2)** $1.548 \div 1.72 = 154.8 \div 172 = 0.9$ (100배)

**4** **(1)** $1.365 \div 0.91 = 1365 \div 910 = 1.5$ (1000배)

**(2)** $5.842 \div 2.54 = 584.2 \div 254 = 2.3$ (100배)

**참고** 나누는 수와 나누어지는 수에 똑같이 100 또는 1000을 곱한 후 계산해도 계산 결과는 같으므로 편리한 방법을 이용합니다.

**5** ・$4.536 \div 5.67$의 4.536과 5.67을 각각 1000배씩 하면 $4536 \div 5670$입니다.

・$4.536 \div 5.67$의 4.536과 5.67을 각각 100배씩 하면 $453.6 \div 567$입니다.

**참고** $4.536 \div 5.67 = 4536 \div 5670$ (1000배)

$4.536 \div 5.67 = 453.6 \div 567$ (100배)

**6** $8.708 \div 3.11 = 2.8$

**참고**
$$
\begin{array}{r}
2.8 \\
3.11\,)\overline{\,8.7\,0\,8} \\
\underline{6\,2\,2} \\
2\,4\,8\,8 \\
\underline{2\,4\,8\,8} \\
0
\end{array}
$$

**7** (텃밭의 세로)
= (텃밭의 넓이) ÷ (텃밭의 가로)
= $2.112 \div 1.32$
= $2112 \div 1320 = 1.6$(m)

**참고** (직사각형의 넓이) = (가로) × (세로)

→ (세로) = (직사각형의 넓이) ÷ (가로)

## 마무리 **하기**

108~111쪽

---

**1** 10 / 4, 28 / 28

**2** 36, 6, 36, 6, 6

**3** 예원

**4**

$$
\begin{array}{r}
0.2 \\
1.48{\overline{\smash{\big)}\,0.2\,9\,6}} \\
\underline{2\,9\,6} \\
0
\end{array}
$$

**5** (위에서부터) 4, 0.7

**6**

**7** ㉢, ㉠, ㉡

**8** $2.38 \div 0.07 = 34$

**9** 7.1

**10** 12개

**11** 3.3 km

**12** 8 cm

---

**1** 나누는 수와 나누어지는 수에 똑같이 10배를 하여도 몫은 변하지 않습니다.

**2** 소수 한 자리 수를 분모가 10인 분수로 바꾼 후 분자끼리 나누어 계산합니다.

**3** 8.93과 1.9의 소수점을 각각 오른쪽으로 한 자리씩 옮겨서 계산하면
$8.93 \div 1.9 = 89.3 \div 19 = 4.7$입니다.

**참고** 8.93과 1.9의 소수점을 각각 오른쪽으로 두 자리씩 옮겨서 계산하면
$8.93 \div 1.9 = 893 \div 190 = 4.7$입니다.

**4** 1.48과 0.296의 소수점을 각각 오른쪽으로 똑같이 두 자리씩 옮겨서 계산하면 몫은 0.2가 됩니다.

**주의** 몫의 소수점은 옮긴 소수점의 위치에 찍어야 합니다.

---

**5** $3.92 \div 0.98 = 392 \div 98 = 4$
$3.92 \div 5.6 = 392 \div 560 = 0.7$

**다른풀이**

$$
\begin{array}{r}
4 \\
0.98{\overline{\smash{\big)}\,3.9\,2}} \\
\underline{3\,9\,2} \\
0
\end{array}
\qquad
\begin{array}{r}
0.7 \\
5.6{\overline{\smash{\big)}\,3.9\,2}} \\
\underline{3\,9\,2} \\
0
\end{array}
$$

**6** • $0.702 \div 0.27 = 702 \div 270 = 2.6$
• $0.336 \div 1.12 = 336 \div 1120 = 0.3$
• $5.568 \div 3.48 = 5568 \div 3480 = 1.6$

**7** ㉠ $29.4 \div 4.2 = 7$
㉡ $2.25 \div 0.25 = 9$
㉢ $18.3 \div 6.1 = 3$
➔ $9 > 7 > 3$

**8** 238을 $\dfrac{1}{100}$배 하면 2.38이 되고,

7을 $\dfrac{1}{100}$배 하면 0.07이 됩니다.

따라서 조건을 만족하는 나눗셈식은
2.38 ÷ 0.07이고, 238 ÷ 7의 몫과 같습니다.
➔ $2.38 \div 0.07 = 34$

**참고** $\overset{\displaystyle\frown\,100배\,\rightarrow}{2.38} \div 0.07 = 238 \div 7 = 34$

**9** ㉠ $11.41 \div 0.7 = 16.3$
㉡ $34.96 \div 3.8 = 9.2$
➔ $16.3 - 9.2 = 7.1$

**10** (물통의 수)
  = (전체 물의 양)
    ÷ (물통 한 개에 담는 물의 양)
  = $38.16 \div 3.18 = 12$(개)

**11** 2시간 30분 = 2.5시간
  ➔ (한 시간 동안 간 평균 거리)
    = (2.5시간 동안 간 거리) ÷ (시간)
    = $8.25 \div 2.5 = 3.3$ (km)

**12** (밑변의 길이)
  = (삼각형의 넓이) × 2 ÷ (높이)
  = $27.2 \times 2 \div 6.8 = 54.4 \div 6.8 = 8$ (cm)

**참고** (삼각형의 넓이)
    = (밑변의 길이) × (높이) ÷ 2
  ➔ (밑변의 길이)
    = (삼각형의 넓이) × 2 ÷ (높이)

**개념 확인** 112~113쪽

**1** **(1)** 25, 2    **(2)** 180, 180, 5
   **(3)** 18, 18, 5    **(4)** 240, 240, 40
   **(5)** 450, 75, 450, 75, 6
   **(6)** 640, 32, 640, 32, 20

**2** (1)
```
            8
   4.5) 3 6.0
        3 6 0
              0
```
(2)
```
            8
   1.5) 1 2.0
        1 2  0
             0
```
(3)
```
          3 5
   1.4) 4 9.0
        4 2
          7 0
          7 0
            0
```
(4)
```
          1 5
   2.4) 3 6.0
        2 4
        1 2 0
        1 2 0
            0
```
(5)
```
          2 4
   0.5) 1 2.0
        1 0
          2 0
          2 0
            0
```
(6)
```
          2 8
   2.5) 7 0.0
        5 0
        2 0 0
        2 0 0
            0
```

**기본 다지기** 114~115쪽

**1** **(1)** 18    **(2)** 25    **(3)** 45
   **(4)** 35    **(5)** 16    **(6)** 25

**2** (1) $16 \div 3.2 = \dfrac{160}{10} \div \dfrac{32}{10}$
         $= 160 \div 32 = 5$

   (2) $85 \div 1.7 = \dfrac{850}{10} \div \dfrac{17}{10}$
         $= 850 \div 17 = 50$

**3** **(1)** 90 / 8    **(2)** 35 / 15

**4**
```
          2 0
   3.8) 7 6.0
        7 6 0
            0
```

---

**5** **(1)** <        **(2)** >

**6** (앞에서부터) 20, 15, 95

**7** $22 \div 5.5 = 4$ / 4

**1** (1)
```
             1 8
   0.5) 9.0
        5
        4 0
        4 0
          0
```
(2)
```
              2 5
   0.6) 1 5.0
        1 2
          3 0
          3 0
            0
```
(3)
```
            4 5
   1.6) 7 2.0
        6 4
          8 0
          8 0
            0
```
(4)
```
            3 5
   0.8) 2 8.0
        2 4
          4 0
          4 0
            0
```
(5)
```
            1 6
   2.5) 4 0.0
        2 5
        1 5 0
        1 5 0
            0
```
(6)
```
            2 5
   2.4) 6 0.0
        4 8
        1 2 0
        1 2 0
            0
```

**3** (1) · $36 \div 0.4 = 360 \div 4 = 90$
       · $36 \div 4.5 = 360 \div 45 = 8$
   (2) · $21 \div 0.6 = 210 \div 6 = 35$
       · $21 \div 1.4 = 210 \div 14 = 15$

**4** 나누는 수와 나누어지는 수의 소수점을 똑같이
   오른쪽으로 한 자리씩 옮겨 계산해야 합니다.

**5** (1) $36 \div 1.5 = 24$ ➜ $24 < 25$
   (2) $48 \div 0.8 = 60$ ➜ $60 > 59$

**6**
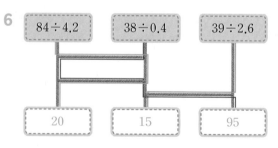

   · $84 \div 4.2 = 20$    · $38 \div 0.4 = 95$
   · $39 \div 2.6 = 15$

**7** (현주가 딴 사과의 무게)
   ÷ (동생이 딴 사과의 무게)
   $= 22 \div 5.5 = 4$(배)

**1** **(1)** 125, 4 　　**(2)** 700, 700, 50
**(3)** 15, 15, 60 　　**(4)** 1400, 1400, 40
**(5)** 3200, 128, 3200, 128, 25
**(6)** 1500, 375, 1500, 375, 4

**2** **(1)**

$$2.25 \overline{)9.00} \quad \boxed{4}$$
$$\boxed{9}\boxed{0}\boxed{0}$$
$$0$$

**(2)**

$$1.25 \overline{)10.00} \quad \boxed{8}$$
$$\boxed{1}\boxed{0}\boxed{0}\boxed{0}$$
$$0$$

**(3)**

$$0.12 \overline{)9.00} \quad \boxed{7}\boxed{5}$$
$$\boxed{8}\boxed{4}$$
$$\boxed{6}\ 0$$
$$\boxed{6}\ 0$$
$$0$$

**(4)**

$$0.28 \overline{)7.00} \quad \boxed{2}\boxed{5}$$
$$\boxed{5}\boxed{6}$$
$$\boxed{1}\boxed{4}\ 0$$
$$\boxed{1}\boxed{4}\ 0$$
$$0$$

**(5)**

$$0.25 \overline{)8.00} \quad \boxed{3}\boxed{2}$$
$$\boxed{7}\boxed{5}$$
$$\boxed{5}\ 0$$
$$\boxed{5}\ 0$$
$$0$$

**(6)**

$$1.48 \overline{)37.00} \quad \boxed{2}\boxed{5}$$
$$\boxed{2}\boxed{9}\boxed{6}$$
$$\boxed{7}\boxed{4}\ 0$$
$$\boxed{7}\boxed{4}\ 0$$
$$0$$

**1** **(1)** 25 　**(2)** 24 　**(3)** 40
　　**(4)** 8 　**(5)** 25 　**(6)** 25

**2** **(1)** $13 \div 3.25 = \dfrac{1300}{100} \div \dfrac{325}{100}$
$$= 1300 \div 325 = 4$$
**(2)** $24 \div 0.32 = \dfrac{2400}{100} \div \dfrac{32}{100}$
$$= 2400 \div 32 = 75$$

**3** **(1)** 64 　　　**(2)** 60

**4** **(1)** ( ○ ) ( 　 )
　　**(2)** ( 　 ) ( ○ )

**5** **(1)** 8 　　　**(2)** 25

**6**
•————•
•————•

**7** $28 \div 0.35 = 80$ / 80

**1** **(1)**

$$0.36 \overline{)9.00} \quad 25$$
$$7\ 2$$
$$1\ 8\ 0$$
$$1\ 8\ 0$$
$$0$$

**(2)**

$$1.25 \overline{)30.00} \quad 24$$
$$2\ 5\ 0$$
$$5\ 0\ 0$$
$$5\ 0\ 0$$
$$0$$

**(3)**

$$0.15 \overline{)6.00} \quad 40$$
$$6\ 0\ 0$$
$$0$$

**(4)**

$$1.75 \overline{)14.00} \quad 8$$
$$1\ 4\ 0\ 0$$
$$0$$

**(5)**

$$3.24 \overline{)81.00} \quad 25$$
$$6\ 4\ 8$$
$$1\ 6\ 2\ 0$$
$$1\ 6\ 2\ 0$$
$$0$$

**(6)**

$$2.48 \overline{)62.00} \quad 25$$
$$4\ 9\ 6$$
$$1\ 2\ 4\ 0$$
$$1\ 2\ 4\ 0$$
$$0$$

**3** **(1)** $16 \div 0.25 = \dfrac{1600}{100} \div \dfrac{25}{100}$
$$= 1600 \div 25 = 64$$
**(2)** $45 \div 0.75 = \dfrac{4500}{100} \div \dfrac{75}{100}$
$$= 4500 \div 75 = 60$$

**4** **(1)**

$$0.84 \overline{)21.00} \quad 25$$
$$1\ 6\ 8$$
$$4\ 2\ 0$$
$$4\ 2\ 0$$
$$0$$

**(2)**

$$0.75 \overline{)6.00} \quad 8$$
$$6\ 0\ 0$$
$$0$$

**5** **(1)** $46 \div 5.75 = 4600 \div 575 = 8$
**(2)** $23 \div 0.92 = 2300 \div 92 = 25$

**6** • $55 \div 2.75 = 20$ 　• $45 \div 2.25 = 20$
　• $36 \div 2.25 = 16$ 　• $12 \div 0.75 = 16$

**7** (만들 수 있는 쿠키의 수)
　= (전체 버터의 양)
　　÷ (쿠키 한 개를 만드는 데 필요한 버터의 양)
　= $28 \div 0.35 = 80$(개)

# 28 일차

## 개념 확인

120~121쪽

1  (1) 0, 0.5, 0.45
   (2) 2, 1.6, 1.56
   (3) 1, 1.4, 1.42

2  (1) 둘째   (2) 셋째

3  (1) 8.5 3 / 8.5
       3 ) 2 5 . 6 0
           2 4
           1 6
           1 5
             1 0
               9
               1

   (2) 2.2 5 / 2.3
       7 ) 1 5 . 8 0
           1 4
           1 8
           1 4
             4 0
             3 5
               5

1  (1) • 소수 첫째 자리 숫자가 4이므로 버림하면
         0.4…… ➡ 0입니다.
       • 소수 둘째 자리 숫자가 5이므로 올림하면
         0.45…… ➡ 0.5입니다.
       • 소수 셋째 자리 숫자가 4이므로 버림하면
         0.454…… ➡ 0.45입니다.

   (2) • 소수 첫째 자리 숫자가 5이므로 올림하면
         1.5…… ➡ 2입니다.
       • 소수 둘째 자리 숫자가 5이므로 올림하면
         1.55…… ➡ 1.6입니다.
       • 소수 셋째 자리 숫자가 5이므로 올림하면
         1.555…… ➡ 1.56입니다.

   (3) • 소수 첫째 자리 숫자가 4이므로 버림하면
         1.4…… ➡ 1입니다.

       • 소수 둘째 자리 숫자가 1이므로 버림하면
         1.41…… ➡ 1.4입니다.
       • 소수 셋째 자리 숫자가 6이므로 올림하면
         1.416…… ➡ 1.42입니다.

2  몫을 반올림하여 소수 ■째 자리까지 나타내려
   면 소수 (■+1)째 자리에서 반올림해야 합니다.

3  (1) $25.6 \div 3 = 8.53……$
       소수 둘째 자리 숫자가 3이므로 버림하면
       8.53…… ➡ 8.5입니다.
   (2) $15.8 \div 7 = 2.25……$
       소수 둘째 자리 숫자가 5이므로 올림하면
       2.25…… ➡ 2.3입니다.

## 기본 다지기

122~123쪽

1  (1) 3.3 3 / 3.3
       3 ) 1 0 . 0 0
           9
           1 0
             9
             1 0
               9
               1

   (2) 0.2 7 / 0.3
       7 ) 1 . 9 0
           1 4
           5 0
           4 9
             1

2  (1) 1, 1.3, 1.29   (2) 7, 6.8, 6.78
   (3) 7, 7.3, 7.33   (4) 10, 9.6, 9.57

3  (1) <   (2) >   (3) >

4  (1) 1.67   (2) 2.07

5  $1.6 \div 1.9 = 0.842……$ / 0.84

34

**1** (1) $10 \div 3 = 3.33\cdots \rightarrow 3.3$

(2) $1.9 \div 7 = 0.27\cdots \rightarrow 0.3$

**2** (1) $9 \div 7 = 1.285\cdots$

몫을 반올림하여

• 일의 자리까지 나타내기: 1

• 소수 첫째 자리까지 나타내기: 1.3

• 소수 둘째 자리까지 나타내기: 1.29

참고
$$
\begin{array}{r}
1.2\ 8\ 5 \\
7\overline{)9\phantom{.000}} \\
7\phantom{.000} \\
\hline
2\ 0\phantom{.00} \\
1\ 4\phantom{.00} \\
\hline
6\ 0\phantom{.0} \\
5\ 6\phantom{.0} \\
\hline
4\ 0 \\
3\ 5 \\
\hline
5
\end{array}
$$

(2) $61 \div 9 = 6.777\cdots$

몫을 반올림하여

• 일의 자리까지 나타내기: 7

• 소수 첫째 자리까지 나타내기: 6.8

• 소수 둘째 자리까지 나타내기: 6.78

참고
$$
\begin{array}{r}
6.7\ 7\ 7 \\
9\overline{)6\ 1\phantom{.000}} \\
5\ 4\phantom{.000} \\
\hline
7\ 0\phantom{.00} \\
6\ 3\phantom{.00} \\
\hline
7\ 0\phantom{.0} \\
6\ 3\phantom{.0} \\
\hline
7\ 0 \\
6\ 3 \\
\hline
7
\end{array}
$$

(3) $4.4 \div 0.6 = 7.333\cdots$

몫을 반올림하여

• 일의 자리까지 나타내기: 7

• 소수 첫째 자리까지 나타내기: 7.3

• 소수 둘째 자리까지 나타내기: 7.33

참고
$$
\begin{array}{r}
7.3\ 3\ 3 \\
0.6\overline{)4.4\phantom{.000}} \\
4\ 2\phantom{.000} \\
\hline
2\ 0\phantom{.00} \\
1\ 8\phantom{.00} \\
\hline
2\ 0\phantom{.0} \\
1\ 8\phantom{.0} \\
\hline
2\ 0 \\
1\ 8 \\
\hline
2
\end{array}
$$

(4) $6.7 \div 0.7 = 9.571\cdots$

몫을 반올림하여

• 일의 자리까지 나타내기: 10

• 소수 첫째 자리까지 나타내기: 9.6

• 소수 둘째 자리까지 나타내기: 9.57

참고
$$
\begin{array}{r}
9.5\ 7\ 1 \\
0.7\overline{)6.7\phantom{.000}} \\
6\ 3\phantom{.000} \\
\hline
4\ 0\phantom{.00} \\
3\ 5\phantom{.00} \\
\hline
5\ 0\phantom{.0} \\
4\ 9\phantom{.0} \\
\hline
1\ 0 \\
7 \\
\hline
3
\end{array}
$$

**3** (1) $17.5 \div 0.3 = 58.3\cdots$

소수 첫째 자리 숫자가 3이므로 버림하면 58입니다.

$\rightarrow$ 58은 $17.5 \div 0.3$보다 작습니다.

(2) $34 \div 9 = 3.77\cdots$

소수 둘째 자리 숫자가 7이므로 올림하면 3.8입니다.

$\rightarrow$ 3.8은 $34 \div 9$보다 큽니다.

(3) $13 \div 7 = 1.857\cdots$

소수 셋째 자리 숫자가 7이므로 올림하면 1.86입니다.

$\rightarrow$ 1.86은 $13 \div 7$보다 큽니다.

**4** (1) $5 \div 3 = 1.666\cdots \rightarrow 1.67$

(2) $6 \div 2.9 = 2.068\cdots \rightarrow 2.07$

주의 몫을 반올림하여 소수 둘째 자리까지 나타내어야 하므로 몫을 소수 셋째 자리까지 구해야 합니다.

**5** (노란색 테이프의 길이)

÷ (파란색 테이프의 길이)

$= 1.6 \div 1.9 = 0.842\cdots \rightarrow 0.84$(배)

**개념 확인**

124~125쪽

**1** (1) 1.5  (2) 6
   (3) 1.5

**2** (1) 3, 2.6  (2) 5
   (3) 2.6

**3** (1)                    / 4, 1.3

```
      4
  6) 2 5 . 3
     2 4
     1 . 3
```

(2)                    / 6, 3.3

```
      6
  7) 4 5 . 3
     4 2
     3 . 3
```

(3)                    / 8, 2.8

```
      8
  4) 3 4 . 8
     3 2
     2 . 8
```

(4)                    / 2, 4.7

```
      2
  5) 1 4 . 7
     1 0
     4 . 7
```

(5)                    / 9, 2.2

```
      9
  9) 8 3 . 2
     8 1
     2 . 2
```

(6)                    / 7, 2.9

```
      7
  8) 5 8 . 9
     5 6
     2 . 9
```

**1** 31.5에서 5씩 6번을 빼면 1.5가 남습니다.

**2** 17.6에서 3씩 5번을 빼면 2.6이 남습니다.

**3** 몫을 자연수까지만 구하고 그때의 나머지를 구합니다.

---

**기본 다지기**

126~127쪽

**1** (1) **방법①** 7, 7, 1.3 / 3, 1.3

   **방법②**              / 3, 1.3

```
       3
  7) 2 2 . 3
     2 1
     1 . 3
```

(2) **방법①** 8, 8, 2.7 / 4, 2.7

   **방법②**              / 4, 2.7

```
       4
  8) 3 4 . 7
     3 2
     2 . 7
```

**2** ㉠     **3** 민철

**4**

**5**          / 6, 1.2

```
      6
  3) 1 9 . 2
     1 8
     1 . 2
```

**2** ㉠

```
      7
  5) 3 7 . 2
     3 5
     2 . 2
```

㉡

```
      9
  8) 7 3 . 6
     7 2
     1 . 6
```

7 < 9이므로 몫이 더 작은 것은 ㉠입니다.

**3** 사람 수는 소수가 아닌 자연수이므로 몫을 자연수까지만 구해야 합니다.

**4**

```
      6
  8) 5 0 . 4
     4 8
     2 . 4
```

나누어 줄 수 있는 사람 수: 6명
남는 찰흙의 양: 2.4 kg

**5**

```
      6
  3) 1 9 . 2
     1 8
     1 . 2
```

나누어 담을 수 있는 통 수: 6통
남는 간장의 양: 1.2 L

## 마무리**하기**

128~131쪽

**1** 120, 24, 120, 24, 5

**2** 25에 ◯표

**3** (1) 7 / 70 / 700
  (2) 14 / 140 / 1400

**4**
```
          2 5
1.04 ) 2 6
       2 0 8
         5 2 0
         5 2 0
             0
```

**5** 3, 3.2, 3.17

**6** (1)
```
       3. 7 5 7   / 3.76
7 ) 2 6.3
    2 1
      5 3
      4 9
        4 0
        3 5
          5 0
          4 9
            1
```

  (2)
```
        8. 3 3 3   / 8.33
0.9 ) 7.5
      7 2
        3 0
        2 7
          3 0
          2 7
            3 0
            2 7
              3
```

**7** 90, 40   **8** 주현

**9**
```
      4      / 4, 2.6
9 ) 3 8.6
    3 6
      2.6
```

**10** 56, 57   **11** ㉢, ㉡, ㉠

**12** 0.9배   **13** 가 세제

---

**1** 자연수와 소수 한 자리 수를 분모가 10인 분수로 바꾸어 계산합니다.

**2**
```
          2 5
1.24 ) 3 1
       2 4 8
         6 2 0
         6 2 0
             0
```

**3** (1)
$$35 \div 5 = 7$$
$$\downarrow \tfrac{1}{10}\text{배} \quad \downarrow 10\text{배}$$
$$35 \div 0.5 = 70$$
$$\downarrow \tfrac{1}{10}\text{배} \quad \downarrow 10\text{배}$$
$$35 \div 0.05 = 700$$

  (2)
$$1.12 \div 0.08 = 14$$
$$10\text{배} \downarrow \qquad \downarrow 10\text{배}$$
$$11.2 \div 0.08 = 140$$
$$10\text{배} \downarrow \qquad \downarrow 10\text{배}$$
$$112 \div 0.08 = 1400$$

**참고** • 나누는 수가 $\frac{1}{10}$배, $\frac{1}{100}$배가 되면 몫은 10배, 100배가 됩니다.

$$■ \div ▲ = ★$$
$$■ \div 0.▲ = ★0$$
$$■ \div 0.0▲ = ★00$$

• 나누어지는 수가 10배, 100배가 되면 몫도 10배, 100배가 됩니다.

$$0.0■ \div 0.0▲ = ★$$
$$0.■ \div 0.0▲ = ★0$$
$$■ \div 0.0▲ = ★00$$

**4** 나누는 수와 나누어지는 수의 소수점을 똑같이 오른쪽으로 두 자리씩 옮겨 계산하고, 몫의 소수점은 옮긴 소수점의 위치에서 찍어야 합니다.

**참고** 26과 1.04의 소수점을 각각 오른쪽으로 두 자리씩 옮겨서 계산하면
26÷1.04=2600÷104=25입니다.

**5** • 일의 자리까지 나타내기: 3.1…… ➔ 3
• 소수 첫째 자리까지 나타내기:
  3.16…… ➔ 3.2
• 소수 둘째 자리까지 나타내기:
  3.166…… ➔ 3.17

**6** (1) $26.3 \div 7 = 3.757\cdots \rightarrow 3.76$

   (2) $7.5 \div 0.9 = 8.333\cdots \rightarrow 8.33$

**7**
$$0.2 \overline{)18} \rightarrow \begin{array}{r} 90 \\ \hline 1\,8 \\ 1\,8\,0 \\ \hline 0 \end{array} \qquad 2.25 \overline{)90} \begin{array}{r} 40 \\ \hline 9\,0 \\ 9\,0\,0\,0 \\ \hline 0 \end{array}$$

**다른 풀이** $18 \div 0.2 = \dfrac{180}{10} \div \dfrac{2}{10}$

$\qquad\qquad = 180 \div 2 = 90$

$\qquad 90 \div 2.25 = \dfrac{9000}{100} \div \dfrac{225}{100}$

$\qquad\qquad\quad = 9000 \div 225 = 40$

**8**
$$6 \overline{)42.9} \begin{array}{r} 7 \\ \hline 4\,2.9 \\ 4\,2 \\ \hline 0.9 \end{array}$$

→ 몫은 7이고 나머지는 0.9입니다.

**10** $44 \div 0.8 = 55$, $29 \div 0.5 = 58$

→ $55 < \square < 58$이므로 $\square$ 안에 들어갈 수 있는 자연수는 56, 57입니다.

**11** ㉠ $27 \div 1.8 = 15$

   ㉡ $72 \div 4.5 = 16$

   ㉢ $4 \div 0.16 = 25$

→ $25 > 16 > 15$이므로 나눗셈의 몫이 큰 것부터 차례로 기호를 쓰면 ㉢, ㉡, ㉠입니다.

**12** (수연이의 몸무게) $\div$ (지민이의 몸무게)

   $= 18 \div 21 = 0.85\cdots \rightarrow 0.9$배

**13** (가 세제 1 L의 가격)

   $= 3600 \div 0.5 = 7200$(원)

   (나 세제 1 L의 가격)

   $= 3000 \div 0.4 = 7500$(원)

→ $7200 < 7500$이므로 더 저렴한 것은 가 세제입니다.

---

**31** 일차

**개념 확인** 132~133쪽

**1** (1) 2

   (2) 14, $\dfrac{\overset{7}{\cancel{14}}}{10} \times \dfrac{3}{\underset{1}{\cancel{2}}}$, 21, $2\dfrac{1}{10}$

   (3) 25, 6, $\dfrac{\overset{}{\cancel{25}}}{\underset{2}{10}} \times \dfrac{\overset{5}{\cancel{5}}}{6}$, 25, $2\dfrac{1}{12}$

   (4) 105, 5, $\dfrac{\overset{21}{\cancel{105}}}{100} \times \dfrac{3}{\underset{1}{\cancel{5}}}$, 63

**2** (1) 0.4, 5.5

   (2) 5, 0.5, 2.7

   (3) 75, 0.75, 7

   (4) 4, 2.4, 9

   (5) 25, 2.75, 1.25, 2.2

**기본 다지기** 134~135쪽

**1** (1) $3.1 \div \dfrac{3}{4} = \dfrac{31}{10} \div \dfrac{3}{4}$

$\qquad = \dfrac{31}{\underset{5}{\cancel{10}}} \times \dfrac{\overset{2}{\cancel{4}}}{3} = \dfrac{62}{15} = 4\dfrac{2}{15}$

   (2) $1.16 \div 1\dfrac{1}{3} = \dfrac{116}{100} \div \dfrac{4}{3}$

$\qquad = \dfrac{\overset{29}{\cancel{116}}}{100} \times \dfrac{3}{\underset{1}{\cancel{4}}} = \dfrac{87}{100}$

**2** (1) $2.05 \div \dfrac{1}{4} = 2.05 \div 0.25 = 8.2$

   (2) $8.4 \div 2\dfrac{2}{5} = 8.4 \div 2.4 = 3.5$

**3** (1) 0.75 또는 $\dfrac{3}{4}$

   (2) $12\dfrac{3}{5}$ 또는 12.6

**4** •　　•
    ✕
   •　　•

**5** $1.3 \div 2\frac{1}{3} = \frac{13}{10} \div \frac{7}{3}$

$\qquad = \frac{13}{10} \times \frac{3}{7} = \frac{39}{70}$

**6** (1) $84.8$ 또는 $84\frac{4}{5}$

$\quad$ (2) $2.32$ 또는 $2\frac{8}{25}$

**7** $9.6 \div 1\frac{1}{5} = 8$ / $8$

**3** (1) $0.6 \div \frac{4}{5} = 0.6 \div 0.8 = 0.75$

$\quad$ (2) $4.2 \div \frac{1}{3} = \frac{42}{10} \div \frac{1}{3} = \frac{42}{10} \times 3$

$\qquad = \frac{126}{10} = 12\frac{6}{10} = 12\frac{3}{5}$

주의 (2) $\frac{1}{3}$ 은 소수로 바꾸기 어려우므로 $4.2$를 분
수로 바꾸어 계산합니다.

**4** $\cdot 5.2 \div \frac{4}{5} = 5.2 \div 0.8 = 6.5$

$\quad \cdot 2.55 \div \frac{3}{4} = 2.55 \div 0.75 = 3.4$

**5** 나누는 분수의 분모와 분자를 바꾸어 곱해야
합니다.

참고 $\dfrac{\blacktriangle}{\blacksquare} \div \dfrac{\bullet}{\bigstar} = \dfrac{\blacktriangle}{\blacksquare} \times \dfrac{\bigstar}{\bullet}$

**6** (1) $42.4 \div \frac{1}{2} = 42.4 \div 0.5 = 84.8$

$\quad$ (2) $5.22 \div 2\frac{1}{4} = 5.22 \div 2.25 = 2.32$

참고 소수를 분수로 바꾸어 계산할 수도 있습니다.

**7** (도막의 수)
$\quad$ =(전체 통나무의 길이)÷(한 도막의 길이)
$\quad = 9.6 \div 1\frac{1}{5}$
$\quad = 9.6 \div 1.2 = 8$(도막)

---

**32** 일차

확인 $\qquad\qquad\qquad$ 136~137쪽

**1** (1) $0.25,\ 0.5$ $\qquad$ (2) $3.5,\ 5$

$\quad$ (3) $8,\ 1.8,\ 1.5$ $\qquad$ (4) $75,\ 9.75,\ 3$

$\quad$ (5) $5,\ 4.5,\ 2.5$

**2** (1) $12,\ \dfrac{\cancel{2}^{\,1}}{\cancel{4}_{\,2}} \times \dfrac{\cancel{10}^{\,5}}{\cancel{12}_{\,4}},\ 5$

$\quad$ (2) $9,\ 11,\ \dfrac{9}{\cancel{4}_{\,2}} \times \dfrac{\cancel{10}^{\,5}}{11},\ 45,\ 2\dfrac{1}{22}$

$\quad$ (3) $\dfrac{12}{\cancel{5}_{\,1}} \times \dfrac{\cancel{10}^{\,2}}{13},\ 24,\ 11$

$\quad$ (4) $4,\ 25,\ \dfrac{4}{3} \times \dfrac{\cancel{100}^{\,4}}{\cancel{25}_{\,1}},\ 16,\ 5\dfrac{1}{3}$

다지기 $\qquad\qquad\qquad$ 138~139쪽

**1** (1) $6\frac{4}{5} \div 0.8 = 6.8 \div 0.8 = 8.5$

$\quad$ (2) $2\frac{3}{4} \div 1.25 = 2.75 \div 1.25 = 2.2$

**2** (1) $1\frac{3}{8} \div 1.2 = \frac{11}{8} \div \frac{12}{10}$

$\qquad = \frac{11}{\cancel{8}_{\,4}} \times \frac{\cancel{10}^{\,5}}{12} = \frac{55}{48} = 1\frac{7}{48}$

$\quad$ (2) $7\frac{1}{4} \div 2.32 = \frac{29}{4} \div \frac{232}{100}$

$\qquad = \frac{\cancel{29}^{\,1}}{\cancel{4}_{\,1}} \times \frac{\cancel{100}^{\,25}}{\cancel{232}_{\,8}} = \frac{25}{8} = 3\frac{1}{8}$

**3** (1) $2\frac{2}{3}$에 색칠 $\qquad$ (2) $0.9$에 색칠

**4** 재윤 $\qquad$ **5** (1) $4$ (2) $1.2$ 또는 $1\frac{1}{5}$

**6** 철, 옹, 성 $\qquad$ **7** $7\frac{1}{5} \div 1.8 = 4$ / $4$

**39**

**3**
(1) $\dfrac{4}{5} \div 0.3 = \dfrac{4}{5} \div \dfrac{3}{10} = \dfrac{4}{\overset{}{\underset{1}{5}}} \times \dfrac{\overset{2}{10}}{3}$

$\qquad\qquad = \dfrac{8}{3} = 2\dfrac{2}{3}$

(2) $2\dfrac{1}{4} \div 2.5 = 2.25 \div 2.5 = 0.9$

**4** 재윤: $5\dfrac{1}{4} \div 1.4 = 5.25 \div 1.4 = 3.75$

다인: $1\dfrac{1}{6} \div 0.21 = \dfrac{7}{6} \div \dfrac{21}{100}$

$\qquad\qquad = \dfrac{7}{\overset{}{\underset{3}{6}}} \times \dfrac{\overset{50}{100}}{\overset{}{\underset{3}{21}}}$

$\qquad\qquad = \dfrac{50}{9} = 5\dfrac{5}{9}$

**5**
(1) $6\dfrac{4}{5} \div 1.7 = 6.8 \div 1.7 = 4$

(2) $\dfrac{9}{25} \div 0.3 = 0.36 \div 0.3 = 1.2$

**6**
① $8\dfrac{1}{2} \div 2.5 = 8.5 \div 2.5 = 3.4$(철)

② $5\dfrac{3}{5} \div 3.5 = 5.6 \div 3.5 = 1.6$(옹)

③ $8\dfrac{3}{4} \div 1.25 = 8.75 \div 1.25 = 7$(성)

**참고** 철옹성(鐵甕城)은 쇠로 만든 항아리처럼 튼튼하게 둘러 쌓아 함락시키기 어려운 산성이라는 뜻입니다. 결코 무너지지 않을 것 같은 강력한 상대를 가리킬 때 사용하는 표현입니다.

**7** (나누어 줄 수 있는 사람 수)
= (전체 우유의 양)
÷ (한 사람에게 나누어 주는 우유의 양)
$= 7\dfrac{1}{5} \div 1.8 = 7.2 \div 1.8 = 4$(명)

**다른풀이** 소수를 분수로 바꾸어 계산할 수도 있습니다.
(나누어 줄 수 있는 사람 수)
$= 7\dfrac{1}{5} \div 1.8 = \dfrac{36}{5} \div \dfrac{18}{10}$

$\qquad = \dfrac{\overset{2}{36}}{\overset{}{\underset{1}{5}}} \times \dfrac{\overset{2}{10}}{\overset{}{\underset{1}{18}}} = 4$(명)

**40**

---

**개념 확인** 140~141쪽

**1**
(1) $1\dfrac{1}{2} + \boxed{1.5 \div \dfrac{2}{5}}$

(2) $\boxed{0.8 \times 3\dfrac{1}{2}} - 1.4$

(3) $\boxed{\dfrac{5}{6} \div 0.5} \times 1.2 - \dfrac{2}{9}$

(4) $2\dfrac{3}{4} + \boxed{1.6 \times 2\dfrac{1}{5}} \div 0.32$

**2**
(1) $1\dfrac{3}{10}$, 2, $1\dfrac{3}{10}$, 7

(2) 1, 3, 3, 9 / 12, $1\dfrac{2}{10}$, $1\dfrac{1}{5}$

**3**
(1) $\triangle$ $6.6 \div 2\dfrac{2}{5} - 1.75$

(2) $\triangle$ $7.12 + 2.4 \times 3\dfrac{5}{8}$

(3) $\triangle$ $2.5 + 1.2 \times \dfrac{3}{4} \div \dfrac{3}{10}$

(4) $\triangle$ $15.6 + 3.8 \times 2\dfrac{4}{5} - 8.75$

**4**
(1) 1.5 / 1.2, 0.3
(2) 1.4 / 2, 2.6

---

**1**
(1) 덧셈, 나눗셈이 섞여 있는 혼합 계산식에서는 나눗셈을 먼저 계산합니다.

(2) 뺄셈, 곱셈이 섞여 있는 혼합 계산식에서는 곱셈을 먼저 계산합니다.

(3) 뺄셈, 곱셈, 나눗셈이 섞여 있는 혼합 계산식에서는 곱셈 또는 나눗셈을 먼저 계산합니다. 이때 곱셈과 나눗셈은 앞에서부터 차례로 계산합니다.

(4) 덧셈, 곱셈, 나눗셈이 섞여 있는 혼합 계산식에서는 곱셈 또는 나눗셈을 먼저 계산합니다. 이때 곱셈과 나눗셈은 앞에서부터 차례로 계산합니다.

**3** **(1)** 뺄셈, 나눗셈이 섞여 있는 혼합 계산식에서는 나눗셈을 먼저 계산합니다.

**(2)** 덧셈, 곱셈이 섞여 있는 혼합 계산식에서는 곱셈을 먼저 계산합니다.

**(3)** 덧셈, 곱셈, 나눗셈이 섞여 있는 혼합 계산식에서는 곱셈 또는 나눗셈을 먼저 계산합니다. 이때 곱셈과 나눗셈은 앞에서부터 차례로 계산합니다.

**(4)** 덧셈, 뺄셈, 곱셈이 섞여 있는 혼합 계산식에서는 곱셈을 먼저 계산합니다.

**기본 다지기** 142~143쪽

**1** **(1)** $3.8 - 6.3 \times \dfrac{1}{7} = \dfrac{38}{10} - \dfrac{\overset{9}{\cancel{63}}}{10} \times \dfrac{1}{\cancel{7}}$

$= \dfrac{38}{10} - \dfrac{9}{10} = \dfrac{29}{10} = 2\dfrac{9}{10}$

**(2)** $1.9 + \dfrac{3}{4} \div 2.5 = \dfrac{19}{10} + \dfrac{3}{4} \div \dfrac{25}{10}$

$= \dfrac{19}{10} + \dfrac{3}{\underset{2}{\cancel{4}}} \times \dfrac{\overset{1}{\cancel{10}}}{\underset{5}{\cancel{25}}} = \dfrac{19}{10} + \dfrac{3}{10}$

$= \dfrac{22}{10} = 2\dfrac{2}{10} = 2\dfrac{1}{5}$

**2** **(1)** $8.8 - 2\dfrac{1}{5} \times 0.2$

$= 8.8 - 2.2 \times 0.2 = 8.8 - 0.44$
$= 8.36$

**(2)** $3.75 \div 1\dfrac{1}{4} + 0.24$

$= 3.75 \div 1.25 + 0.24 = 3 + 0.24$
$= 3.24$

**3** $20.2$ 또는 $20\dfrac{1}{5}$

**4** **(1)** ✕ **(2)** ○
**(3)** ○ **(4)** ✕

**5** (앞에서부터) $4.98$, $7.8$, $4.78$

**6** $1\dfrac{1}{5} \times 1.4 - 0.75 = 0.93\left(= \dfrac{93}{100}\right)$

/ $0.93$ 또는 $\dfrac{93}{100}$

---

**3** $4\dfrac{1}{2} \div 0.12 - 17.3 = 4.5 \div 0.12 - 17.3$
$\qquad\qquad\qquad\quad = 37.5 - 17.3 = 20.2$

**다른 풀이** $4\dfrac{1}{2} \div 0.12 - 17.3$

$= 4\dfrac{1}{2} \div \dfrac{12}{100} - 17\dfrac{3}{10}$

$= \dfrac{9}{2} \times \dfrac{\overset{25}{\cancel{100}}}{\underset{\underset{1}{4}}{\cancel{12}}} - 17\dfrac{3}{10} = \dfrac{75}{2} - 17\dfrac{3}{10}$

$= 37\dfrac{5}{10} - 17\dfrac{3}{10} = 20\dfrac{2}{10} = 20\dfrac{1}{5}$

**4** **(1)** $7.31 - \dfrac{3}{10} \times 0.7 = 7.31 - 0.3 \times 0.7$
$\qquad\qquad\qquad\qquad = 7.31 - 0.21 = 7.1$

**(2)** $9.6 \div 1\dfrac{3}{5} + 0.33 = 9.6 \div 1.6 + 0.33$
$\qquad\qquad\qquad\qquad = 6 + 0.33 = 6.33$

**(3)** $3.4 \div \dfrac{1}{2} \times 1.4 = 3.4 \div 0.5 \times 1.4$
$\qquad\qquad\qquad\quad = 6.8 \times 1.4 = 9.52$

**(4)** $8.4 \times \dfrac{1}{2} \div 0.3 = 8.4 \times 0.5 \div 0.3$
$\qquad\qquad\qquad\quad = 4.2 \div 0.3 = 14$

**5** • $2.78 + 2\dfrac{2}{5} \div 1.2 = 2.78 + 2.4 \div 1.2$
$\qquad\qquad\qquad\qquad = 2.78 + 2 = 4.78$

• $9.8 - 1.5 \div \dfrac{3}{4} = 9.8 - 1.5 \div 0.75$
$\qquad\qquad\qquad\quad = 9.8 - 2 = 7.8$

• $1.4 \times 3\dfrac{1}{5} + \dfrac{1}{2} = 1.4 \times 3.2 + 0.5$
$\qquad\qquad\qquad\quad = 4.48 + 0.5 = 4.98$

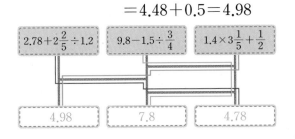

**6** (남은 감자의 무게)
$\quad$ = (고구마의 무게) $\times 1.4 -$ (먹은 감자의 무게)

$\quad = 1\dfrac{1}{5} \times 1.4 - 0.75$

$\quad = 1.2 \times 1.4 - 0.75$

$\quad = 1.68 - 0.75 = 0.93$ (kg)

**34** 일차

144~145쪽

**개념 확인**

1 $\left(5.1-3\frac{1}{2}\right)\times0.7+4\frac{1}{4}$

  ① ② ③

2 **(1)** 0.4 / 0.9, 0.75
  **(2)** 0.6 / 4.4, 6.6

3 $10\frac{5}{6}-\left(0.12+\frac{2}{5}\right)\div\frac{4}{25}$

  ① ② ③

4 **(1)** 4, $\frac{\cancel{10}^{1}}{\cancel{10}_{1}}$, $\frac{1}{3}$

  **(2)** 7, 1 / 5, 5, 5, $3\frac{4}{5}$

**기본 다지기**

146~147쪽

1 **(1)** $1\frac{4}{5}\div\left(0.25+1\frac{1}{4}\right)$

  ① ②

  $=1.8\div(0.25+1.25)$
  $=1.8\div1.5=1.2$

  **(2)** $\left(3.1-\frac{1}{2}\right)\times2.5$

  ① ②

  $=(3.1-0.5)\times2.5$
  $=2.6\times2.5=6.5$

2 ②

3 **(1)** 4.3 또는 $4\frac{3}{10}$   **(2)** 4.1 또는 $4\frac{1}{10}$

4 $1.2\times\left(0.2+\frac{2}{5}\right)=1.2\times(0.2+0.4)$
  $=1.2\times0.6=0.72$

5 윤희        6 ㉠

7 $\left(3\frac{1}{4}+6.15\right)\times\frac{1}{2}=4.7\left(=4\frac{7}{10}\right)$

  / 4.7 또는 $4\frac{7}{10}$

2 $2.1+\left(3\frac{3}{4}-2.25\right)\div\frac{1}{2}$
  $=2.1+(3.75-2.25)\div0.5$
  $=2.1+1.5\div0.5=2.1+3=5.1$

3 **(1)** $\left(2.55+2\frac{1}{4}\right)\div\frac{4}{5}-1.7$
  $=(2.55+2.25)\div0.8-1.7$
  $=4.8\div0.8-1.7=6-1.7=4.3$

  **(2)** $0.4\times\left(3\frac{1}{2}-1.45\right)\div\frac{1}{5}$
  $=0.4\times(3.5-1.45)\div0.2$
  $=0.4\times2.05\div0.2=0.82\div0.2=4.1$

참고 소수를 분수로 바꾸어 계산할 수도 있습니다.

5 선호: $\left(4.75+2\frac{1}{5}\right)\div2.5$
  $=(4.75+2.2)\div2.5$
  $=6.95\div2.5=2.78$

  윤희: $9.1\div\left(3.8-2\frac{1}{2}\right)\times0.3$
  $=9.1\div(3.8-2.5)\times0.3$
  $=9.1\div1.3\times0.3=7\times0.3=2.1$

6 ㉠ $\left(5\frac{3}{5}-2.8\right)\div0.4=(5.6-2.8)\div0.4$
  $=2.8\div0.4=7$

  ㉡ $1.5\times\left(3\frac{1}{2}+2.1\right)=1.5\times(3.5+2.1)$
  $=1.5\times5.6=8.4$

  ➔ $7<8.4$

7 (사용한 페인트의 양)$=\left(3\frac{1}{4}+6.15\right)\times\frac{1}{2}$
  $=(3.25+6.15)\times0.5=9.4\times0.5=4.7$ (L)

다른 풀이 $\left(3\frac{1}{4}+6.15\right)\times\frac{1}{2}=\left(3\frac{1}{4}+6\frac{15}{100}\right)\times\frac{1}{2}$
  $=9\frac{2}{5}\times\frac{1}{2}=\frac{47}{5}\times\frac{1}{2}=\frac{47}{10}=4\frac{7}{10}$ (L)

## 마무리**하기**

**1** $34,\ \dfrac{\overset{17}{\cancel{34}}}{10}\times\dfrac{3}{\cancel{2}},\ 51,\ 5\dfrac{1}{10}$

**2** $75,\ 0.75,\ 3$

**3** $2.3\times\left(1\dfrac{4}{5}-1.3\right)=2.3\times(1.8-1.3)$
$\phantom{2.3\times\left(1\dfrac{4}{5}-1.3\right)}=2.3\times0.5=1.15$

**4** $6\dfrac{2}{3}$

**5** $(\qquad)\ (\ \bigcirc\ )$

**6** (앞에서부터) $2.1$ 또는 $2\dfrac{1}{10},\ 7$

**7**

**8** $3.2$

**9** $<$

**10** $3.9\ \text{cm}^2$ 또는 $3\dfrac{9}{10}\ \text{cm}^2$

**11** 6명　　　　**12** 2시간 30분

---

**1** 소수를 분수로 바꾸어 계산합니다.

**2** 분수를 소수로 바꾸어 계산합니다.

**3** ( )가 있는 분수와 소수의 혼합 계산은 ( ) 안을 먼저 계산합니다.

**4** $4\dfrac{2}{3}\div0.7=\dfrac{14}{3}\div\dfrac{7}{10}=\dfrac{\overset{2}{\cancel{14}}}{3}\times\dfrac{10}{\cancel{7}}$
$\phantom{4\dfrac{2}{3}\div0.7}=\dfrac{20}{3}=6\dfrac{2}{3}$

**5** ・$3.6\times\dfrac{1}{2}-1.7=3.6\times0.5-1.7$
$\phantom{3.6\times\dfrac{1}{2}-1.7}=1.8-1.7=0.1$

・$4.5\times\dfrac{2}{5}\div0.9=4.5\times0.4\div0.9$
$\phantom{4.5\times\dfrac{2}{5}\div0.9}=1.8\div0.9=2$

---

참고 분수를 소수로 바꾸어 계산하거나 소수를 분수로 바꾸어 계산해도 계산 결과는 같으므로 편리한 방법으로 계산합니다.

**6** ・$5.25\div2\dfrac{1}{2}=5.25\div2.5=2.1$

・$5.25\div\dfrac{3}{4}=5.25\div0.75=7$

**7** ・$\left(3\dfrac{1}{2}-0.8\right)\div0.9=(3.5-0.8)\div0.9$
$\phantom{\left(3\dfrac{1}{2}-0.8\right)\div0.9}=2.7\div0.9=3$

・$1.6\times\left(\dfrac{4}{5}+1.2\right)\div0.2$
$=1.6\times(0.8+1.2)\div0.2$
$=1.6\times2\div0.2=3.2\div0.2=16$

**8** $1\dfrac{3}{5}\times1.5\div\dfrac{3}{4}=1.6\times1.5\div0.75$
$\phantom{1\dfrac{3}{5}\times1.5\div\dfrac{3}{4}}=2.4\div0.75=3.2$

**9** $2.09\div\left(\dfrac{1}{2}\times1.9\right)-1.7$
$=2.09\div(0.5\times1.9)-1.7$
$=2.09\div0.95-1.7$
$=2.2-1.7=0.5$
➔ $0.5<1$

**10** (마름모의 넓이)
$=$(한 대각선의 길이)
$\phantom{=}\times$(다른 대각선의 길이)$\div2$
$=3\dfrac{1}{4}\times2.4\div2=3.25\times2.4\div2$
$=7.8\div2=3.9\ (\text{cm}^2)$

**11** (나누어 줄 수 있는 사람 수)
$=$(전체 색 테이프의 길이)
$\phantom{=}\div$(한 사람에게 나누어 주는 색 테이프의 길이)
$=10.8\div1\dfrac{4}{5}=10.8\div1.8=6$(명)

**12** (물 1 L가 나오는 데 걸린 시간)
$=$(시간)$\div$(나온 물의 양)
$=3\dfrac{1}{2}\div1.4=3.5\div1.4$
$=2.5$(시간) ➔ 2시간 30분

참고 $0.5$시간$=\dfrac{5}{10}$시간$=\dfrac{30}{60}$시간$=30$분

FUN!
PUZZLE!
LEARN!

사자성어, 속담, 맞춤법(총3책)

**초등 필수 어휘를 퍼즐 학습으로 재미있게 배우자!**

● 하루에 4개씩 25일 완성으로 집중력 UP!

● 다양한 게임 퍼즐과 쓰기 퍼즐로 기억력 UP!

● 생활 속 상황과 예문으로 문해력의 바탕 어휘력 UP!

# 하루한장 쏙셈 소수

## 2권

### 초등학교 5~6학년

## www.mirae-n.com

학습하다가 이해되지 않는 부분이나 정오표 등의
궁금한 사항이 있나요?
미래엔 홈페이지에서 해결해 드립니다.

**교재 내용 문의**

나의 교재 문의 | 수학 과외쌤 | 자주하는 질문 | 기타 문의

**교재 자료 및 정답**

동영상 강의 | 쌍둥이 문제 | 정답과 해설 | 정오표

우리 아이 바른 공부 습관

**미래엔 에듀**

## http://cafe.naver.com/mathmap

**함께해요!**
바른 공부법 캠페인

**궁금해요!**
교재 질문 & 학습 고민 타파

**공부해요!**
미래엔 에듀 초등 교재

**참여해요!**
선물이 마구 쏟아지는 이벤트

초등학교

학년        반    이름

**예비초등**

**한글 완성**

초등학교 입학 전
한글 읽기·쓰기 동시에 끝내기 [총3책]

**예비 초등**

자신있는 초등학교 입학 준비!

[국어, 수학, 통합교과, 학교생활 총4책]

 **독해**

**독해 시작편**

초등학교 입학 전 독해 시작하기
[총2책]

**독해**

교과서 단계에 맞춰 학기별
읽기 전략 공략하기 [총12책]

**비문학 독해 사회편**

사회 영역의 배경지식을 키우고,
비문학 읽기 전략 공략하기 [총6책]

**비문학 독해 과학편**

과학 영역의 배경지식을 키우고,
비문학 읽기 전략 공략하기 [총6책]

 **쏙셈**

**쏙셈 시작편**

초등학교 입학 전 연산 시작하기
[총2책]

**쏙셈**

교과서에 따른 수·연산·도형·측정까지
계산력 향상하기 [총12책]

**창의력 쏙셈**

문장제 문제부터 창의·사고력 문제까지
수학 역량 키우기 [총12책]

**쏙셈 분수·소수**

3~6학년 분수·소수의 개념과 연산 원리를
집중 훈련하기 [분수 2책, 소수 2책]

 ENGLISH **BITE**

**알파벳 쓰기**

알파벳을 보고 듣고 따라 쓰며 읽기·쓰기
한 번에 끝내기 [총1책]

**파닉스**

알파벳의 정확한 소릿값을 익히며
영단어 읽기 [총2책]

**사이트 워드**

192개 사이트 워드 학습으로
리딩 자신감 쑥쑥 키우기 [총2책]

**영단어**

학년별 필수 영단어를 다양한
활동으로 공략하기 [총4책]

**영문법**

예문과 다양한 활동으로
영문법 기초 다지기 [총4책]

**한자**

교과서 한자 어휘도 익히고
급수 한자까지 대비하기
[총12책]

 **중국어**

신 HSK 1, 2급 300개 단어를
기반으로 중국어 단어와 문장
익히기 [총6책]

 큰별★쌤 최태성의
**한국사**

큰별쌤의 명쾌한 강의와 풍부한 시각
자료로 역사의 흐름과 사건을 이미지
로 기억하기 [총3책]

 하루 한장 학습 관리 앱
**손쉬운 학습 관리로 올바른
공부 습관을 키워요!**

개념과 **연산 원리**를 집중하여
한 번에 잡는 **쏙셈 영역 학습서**

# 하루 한장 쏙셈
# 분수·소수 시리즈

**하루 한장 쏙셈 분수·소수 시리즈**는
학년별로 흩어져 있는 분수·소수의 개념을
연결하여 집중적으로 학습하고,
재미있게 연산 원리를 깨치게 합니다.

하루 한장 쏙셈 분수·소수 시리즈로
초등학교 분수, 소수의 탁월한 감각을 기르고,
중학교 수학에서도 자신있게 실력을 발휘해 보세요.

**APP 다운로드**

**스마트 학습 서비스 맛보기**
분수와 소수의 원리를
직접 조작하며 익혀요!

## 분수 **1**권
### 초등학교 3~4학년

❯ 분수의 뜻

❯ 단위분수, 진분수, 가분수, 대분수

❯ 분수의 크기 비교

❯ 분모가 같은 분수의 덧셈과 뺄셈

⋮